大是文化

株式會社人才研究所
代表取締役社長
曾和利光 —— 著
劉錦秀 —— 譯

好人主管一定要懂黑臉管理

悪人の作った会社はなぜ伸びるのか？
人事のプロによる逆説のマネジメント

一團和氣、開心工作的職場，結果往往是甩鍋、卸責、叫不動，主管先完蛋、部門鳥獸散。

我們需要正確扮黑臉的領導方法。

（原版書名：好人主管的惡人管理學）

目錄

第四章 違背直覺的人才培育悖論

第五章 如何處理職場的人際關係？

（原版書名：好人主管的惡人管理學）

推薦序一
每個人都需要有討厭的人在身邊

「人資暗黑棋局」總編輯／郭南廷

只要是人，都需要被人喜歡、被人肯定，即使是職場上的主管也一樣。只不過，如果主管將這些需要，在工作任務上表現太多，那就是「討好」，而並非「帶領」了！

喬儀在顧問業已有二十幾年的經驗，是小團隊的部門主管，聽老前輩說，年輕的她可說是戰功彪炳。不過，她近年來的業務量寥寥可數，團隊組員的流動率也逐年增加。

其他主管從旁觀察後說道，一開始，喬儀帶人喜歡剷除異己，對於與自己不同科系背景的組員提出的專案方向，特別有意見；但有趣的是，若與喬儀同科系背景的組員提出相同專案方向時，就能快速過關。

劃除異己後，留下的是一批同質性高的組員。這時的喬儀，會把他們當作朋友般呵護，決定每一次的專案方向與執行細項時，都會召開團隊會議。這是好事，只不過，當團隊成員立場不同、產生分歧時，喬儀當下也失去自己的準則，沒有在開會時指出明確的方向；反倒是花大部分的時間，在會議後關心每個人，試圖緩解各方情緒。這樣的方式，造成團隊成員面對不如自己預期的事情時，也能「合理」的大吵大鬧了。

從這段故事可以感受到，喬儀想在組員心中建立好主管形象。只不過，主管的任務是帶領團隊朝著企業的目標前進，也就是聽取不同科系背景組員的想法，在不預設立場的統整後，提出自己的結論；當開會時發生爭執，跳出來說出專案的明確方向，並客觀指出爭執點，而不是用交朋友的角度思考，擔心自己說太多，會導致團隊氣氛變差或彼此合作不愉快等。

若真的要說當主管的心法，簡單來說，就如作者在書中提到的，「『人才多元』，就是有討厭的人在你身邊」，而且不是擔任主管職位的人，也適用於這句話。

這句話，可從主管看待部屬，以及部屬看待主管兩個面向說明：

一、主管看待部屬：如同上述喬儀的故事，對於部屬不同的想法，都必須不預設立場的傾聽，畢竟企業的創新，就是出自於不同想法的激盪；二、部屬看待主管：若主管只聽大家的想法，自己沒有評斷及決策的能力，那整個團隊只會像多頭馬車一樣，呈現混亂的局面。

在過去的職場上，我們習慣與合得來的人相處，認為這樣才能當好主管、好同事。但看完這本書後，會使我們心中的「好」重新改觀。

推薦序二

想成為優秀主管，雖千萬人吾亦往矣

「苦命的人力資源主管」部落格版主／賴俊銘

我有一個朋友從事人資的工作，他最近在臉書上分享：「很多時候，人資本身總要在勞方和資方的角色中轉換。例如處理事情時，理性的以資方角度，說服某些人或某些事……就算你不認同……而卸下人資角色時，其實自己也是勞工，是有血有淚甚至被剝削的勞工……我常常在處理一些事情後，覺得自己怎麼這麼沒人性，不知道有一天會不會遭到報應。」

我在人資工作中常常遇到需要挺身而出，獨立執行不近人情的任務，這就是本書中所言的黑臉職場學。

職場上重視的是有競爭力的團隊，而非營造溫馨的家庭氣氛，所以組織汰弱留強是非常自然的。但每個人都想當獲得優秀評價、符合社會期許的好人。

而負責扮黑臉、言行不討喜、不符合社會期許的惡人，則鮮少人能擔任。所以管理工作幾乎都像書中所說的黑臉管理學一樣，需要有雖千萬人吾亦往矣的態度。

我看到書中「企業要有熱情說謊的覺悟」這段文字，當場就笑了。作者說的是招聘負責人需要的招募態度，這和我上課時傳授的招募原則相同。我總會告訴我的學生，招募的原則第一點是誠實；第二點請以第一點為基礎，想辦法把人騙進來，原因是雇主品牌需要美化。而這是企業招募新血時，最重要的思考原則。

職場環境現實殘酷，而書中提到的黑臉管理學非常貼近職場實務。我這幾年在新創公司工作，新創公司有一個特性——組織扁平、老闆命令朝令夕改。

書中有提到，作者認為公司從剛創立到經營成大公司會經歷幾個階段，從後背管理、執行管理、結果管理、計畫管理到文化管理，做了相當棒的階段性註解。我推薦這本書，期待所有讀者也會喜歡書中提及的職場實務。

推薦序三

幸福企業不一定真的幸福

國立臺灣師範大學科技應用與人力資源發展系助理教授／孫弘岳

我曾參與不少大型企業併購案，其中印象最深刻的，是某家幸福企業的真實案例。

當年，主管機關宣布該企業因為勞資和諧、工作與生活平衡，且提供優質的培訓和福利，被選為幸福企業，不但獲得各大媒體曝光報導，大多數的員工也在事後透過非正式的調查反應，認為自家企業實至名歸。

該企業的總經理在欣喜之餘，卻突然皺眉且語重心長的說：「若員工都覺得工作過得太幸福，從企業競爭力來看，好像不盡然是件好事。」

就在兩年後，該幸福企業被另一家文化迥異的集團併購。有一些老員工經常在私下抱怨，新的管理階層步調太快、績效標準嚴格，讓員工的工作壓力倍增而不再幸福，因而相繼離職或提早退休。有趣的是，在併購後兩年，該企業獲利能力與市值成長了將近一倍，市占率從原來的中段班躍進前段班。該企業被集團併購後，員工工時與壓力確實增加了不少，但留下來的員工，荷包也變得更豐厚。

或許單純從員工的角度來看，工作變得不再輕鬆，也不再訴求工作與生活平衡，有部分員工會覺得它的管理風格與文化，帶有一點功利導向的「惡」。但從該企業獲頒的各種獎項顯示，其他人可能覺得這家企業是值得信賴，且能永續經營的「好」。

這家企業也沒有因管理方式改變而找不到員工，其品牌仍舊強勢，不過吸引的對象不再是追求穩定與準時下班的應徵者，而是想要快速發展的人才。最重要的是，因為卓越的經營績效與企業規模，讓員工較不擔心企業會被賣掉，反而認為這是一家可以長期發展的「好」雇主。

根據我的研究發現，雇主品牌與員工福利、工作和生活平衡的關聯性，遠不如員工對管理階層的看法。

對於管理者，「好人與惡人」並非二元對立的標準，經常是模稜兩可，有時讓人覺得溫暖，有時也讓人感到冷血。在不同情境、面對不同的人，沒有放諸四海皆準的標準。管理者存在的價值也不是為了符合社會期許，成為討好所有人的「好人」，而是協助達成利害關係人的長期價值，但可能會被誤判為「惡人」。這是本書想要傳達的精神。

本書作者運用他在日本企業擔任人力資源部門負責人和管理顧問的經驗，結合相關學理，反駁一些熱門，但不見得有利企業長期價值的管理措施或意識型態，例如友善職場、企業願景、拒絕應酬、不錄用沒有抗壓性的應徵者、只錄取年輕人、避免辦公室戀情、給直屬主管充分的人事權、消除晦暗的氛圍、提倡自由等，並針對這些議題，傳授讀者可以視情況運用的暗黑惡人管理學。全書共六章，不到兩百頁，讀者可以透過一個下午茶的時間，品味專業的「黑臉」管理思維。

前言
公司需要的不是好人，是黑臉

心理學中有個名詞叫做社會期許（Social Desirability）。當一個人傾向於扮演符合社會期許的樣貌時，人們就會使用這個名詞。例如，做問卷調查時，當回答者面對調查員，就會出現高報自己的收入、學歷、朋友人數，低報自己的年齡、酒量、偏見程度的傾向。

職場上，不論你是主管、部屬，只要是人，都希望被人喜歡、稱讚、仰慕、尊敬。然而，這種想被周圍的人當成好人或被社會認可的心態，能成為讓職場或公司變好的動機嗎？我並不這麼認為。

最近，我發現一個現象：堅持自己的主張、不怕和周圍產生摩擦的人，通常會被組織視為「惡人」或「黑臉」；相反的，隨聲附和、不願破壞和諧氣氛的人，就會被視為「好人」或「白臉」。但對公司而言，在許多情況下卻需要惡人。因此，我想藉由本書，針對公司需要的惡人，談談我的看法。

哪些好人對組織造成負面影響？

在談論好人惡人、白臉黑臉前，我想先聊聊自己的經歷。一九九五年，我踏出大學校門，進入人資公司瑞可利（Recruit）工作。該公司的求職網站因觸及多元的求職者，現在是一家具有高知名度的公司。但當年我在找工作時，由於「瑞可利事件」（按：一九八八年於日本發生的賄賂醜聞，又稱里庫路特事件）還餘波盪漾，所以以求職目標而言，瑞可利並不受求職者青睞。

進入瑞可利後，因被分發到人資部門，我開始展開人力資源管理生涯。事實上，我在二十幾歲時，曾離開過這家公司。但經過一番波折，又回到這間把離職者稱為「畢業生」的企業。之後我接受任命，成為人事招聘的負責人。二〇〇九年，我再次辭職後，曾先後進入不動產公司 Open House、人壽保險公司 Lifenet 等企業的人資部門累積經驗，二〇一一年我自行創業，成立「株式會社人才研究所」。

在這段期間，我面試過的應徵者超過兩萬人；以顧問的身分，接觸過的企業累計達百餘家。這些經驗讓我對「對公司而言的好人和惡人」，有了和一般人很不一樣的見解。

現在，我們再回來談談社會期許。它之所以成為問題，是因為員工把追求社會期許當成目標，而且還把順序放在應完成的工作任務之前。**重視社會期許的人（好人）的言行舉止，乍看之下，好像處處與人為善，但事實上這種人中，只考慮自身利益的不在少數**。

重視社會期許的人，因為不想受人批判、厭惡，所以看起來像個好人。但這類人如果碰到混亂、衝突的組織變革，通常不會直接提出反對意見，只會配合周圍的狀況發言。也就是說，他們的心態比較消極。

想當好人的人，會刻意迎合對方、輕易改變自身信念，要求自己符合社會的期待。這種八面玲瓏、不得罪任何人的人，提出的意見都傾向跟多數人一樣。說得難聽一點，他們做事的態度就是沒有特色。

好人總把得到他人的認可放第一。在希望被認可的動機下，好人以接收對方的訊息為目標，無法發揮自己的創意。不會創新、只會隨聲附和的人，絕對不會老實的說「國王沒穿衣服」。

為了遵從社會期許而改變自己意見的好人，最後經常帶來壞結果。例如，乍看之下許多人都贊同的事，常對組織帶來負面影響。

利他型黑臉才是變革的動力

但也有人屬於只要認為是對的事，就會直接提出來，不怕被人厭惡或責難的類型，他們就算處在逆風仍屹立不搖，抱著信念行事。但這類人通常不受喜愛，有時還因為鋒芒太耀眼而得罪人，甚至被稱為惡人。

「世人如何說我與我何干，我所為之事唯有我知。」說這句話的坂本龍馬（按：日本幕末時期的維新志士），最後遭到暗殺。因為有一部分的人憎恨他，把他當作惡人。

我曾擔任人資部門的負責人以及人資顧問，因此看過許多公司進行企業改革。這時，就會出現很多上述的利他型惡人，這些人才是改革的主角、動力。

例如，公司的人資部負責人說服資深員工，應把位子讓給年輕人，讓年輕人多發揮，資深員工就把這位人資當作厲鬼厭惡；有一家希望轉型成媒體企業的公司，其事業部負責人為了公司的發展，決定把業務部門外包。結果公司馬上出現：「他竟然把公司的靈魂賣掉。」、「虧他還是業務部培育出來的人。」的流言。雖然有人這樣誹謗中傷他，這位負責人還是斷然進行改革。

還有某位主管，自己疼愛的部屬在業務上出現嚴重失誤，偏偏這失誤是該部屬個人粗心大意造成的，所以那位主管沒有包庇部屬，而是給予重罰。但不了解事情來龍去脈、不知道該主管是「揮淚斬馬謖」的人，卻一味批判這位主管很無情（按：「揮淚斬馬謖」指諸葛亮把兵權交給愛將馬謖，但馬謖不聽諸葛亮的勸告，將軍營駐紮在山上，導致蜀軍慘敗，使諸葛亮下令斬首馬謖）。

上述提到的例子都被組織當成惡人。但我認為這些扮黑臉的人才是公司、職場真正需要的人才，是改變公司，讓公司繼續生存下去、更進一步發展的靈魂人物。

不被言語所惑，應以行動判斷

把有用的人才當作惡人、把無用的人才當作好人，是社會上普遍的現象。因此，我們必須重視這個問題，並區別誰是組織裡的好人或惡人。事實上，只要用一個簡單的訣竅就可以做得到。這個訣竅就是，**不是看這個人說了什麼，而是看這個人做了什麼**。

公司需要的黑臉，不會為了獲得別人的認可而找藉口；相反的，沒有用的好人則會為了讓別人看到自己，在交談時玩弄言詞。如果被這種人的話拖著走，就會高估好人、低估惡人。

要評價一個人，應該看這個人為公司貢獻了什麼。鋼鐵大王安德魯・卡內基（Andrew Carnegie）也說過：「**隨著年齡的增長，我不再像從前那樣，那麼在乎別人說的話。現在反而會緊盯著一個人的動作仔細觀察。**」

我們不該否定那些不會修飾自己、不善應酬的惡人。因為，他們不是假好人，而是假惡人。他們比起被人認可，更渴望把事情做好，因為他們對別人眼中的好事不感興趣，所以重視行動勝過言語。

第一章

友善職場其實會扼殺人的成長

好人會想把自己所在的公司，變成人人都喜歡的友善職場。然而，可以輕鬆工作的友善職場，真的能創造業績嗎？一般人都認為：「職場友善，可創造三高：高員工滿意度、高工作熱情、高業績。」

但如果把輕鬆工作的感覺和員工滿意度畫上等號，已經滿足的員工，就不會想再努力進步，因為滿足後就不會產生野心。換句話說，雖然員工滿足了，但業績可能低迷。

相反的，不能輕鬆工作的不友善職場，業績就一定會下滑嗎？競爭激烈的職場，時常需要切磋琢磨，到處充滿壓力，工作絕不輕鬆。例如，同業之間競爭非常激烈的店家，像是公關俱樂部等，員工也許彼此感情交惡，但業績良好的事時有所聞。「我絕對不能輸給那個人！」就是這顆不服輸的心，讓公關努力從客人身上賺到可觀的收入。

另外，也有人說：「需要是發明之母。」意思是，人碰到障礙就會想方設法排除。有一家因數位化而失去市場的傳統底片公司，痛苦的進行大規模的裁員後，把技術投入醫藥等其他領域而成功轉型，就是一個很經典的例子。如果從別的觀點來看這個例子，也可以說是因為對手段和目的有不一樣的認識，才能逆轉成功。

企業存在的理由，除了為社會提供價值，本身也要獲利，所以打造友善職場，並不是企業的目標。

不過，**對員工而言，追尋輕鬆工作的感覺，卻是一個目標**。因這種感覺，會讓員工覺得每天都過得很幸福。所以有人認為，如果一家公司業績好、股東有獲利，但員工不覺得幸福，這家公司就沒有存在的意義。

因此我認為，如果想打造一個友善的職場，不能只天真的考慮如何提升員工的滿意度，而是**必須謹慎思考，如何同時提升業績和員工滿意度**。

友善職場麻煩多，遇到紅燈「一起過」

面試時，若應徵者問：「貴公司的組織文化為何？」許多面試官會回答：「敝社擁有『通風』良好的職場環境。」好人都喜歡這種回答，因為簡潔有力，讓人覺得爽快。

但仔細想想，其實「通風」只是一個比喻，直到現在，我還是不明白其中的含義。這種職場對任何人而言，真的都是友善的職場嗎？因為我們常使用這種比喻，所以我想對此進一步探討。

「通風良好」，最常用來詮釋**「可以輕鬆表達自己意見的職場」**。即該公司一視同仁，每個人都有發言機會，不管職位如何，表達的內容都能被重視。

乍聽之下，大家會認為這是一個扁平化的組織，而且公司風氣異常開放，幾乎沒有人會給這種公司負評。換句話說，在管理上，「通風良好」象徵著符合社會期許。

但要打造一個真正「通風良好」的組織，必須付出極大的溝通成本。因為任何人都可以輕鬆表達自己的意見，就表示不只是資深員工的寶貴意見，就連經驗不足的人所說的話，也要一視同仁的處理，而這將提高組織溝通的成本。

有時不用功的新人、年輕人，對於自己一知半解的事，會自以為是的對公司的方針胡亂插嘴。這時主管一定想直言：「你能不能稍微想一想再發言。」但既然對方話都說出口了，也只能費唇舌再耐心解釋：「不是這樣的，這是有原因的，和你所說的完全不一樣。」

年輕人看到主管認真解釋，心情當然會變好。但對整個組織來說，「通風良好」真的是優點嗎？**其實，世界上原本就沒有不能表達意見的職場。為溝通築一道高牆的，往往是發言者自己的心**。認為職場有溝通障礙，其實是個人的偏見。會這麼想的人，是因為自己的意見沒有信心。為了隱瞞自己沒有自信，就把自己不能表達意見的事實，歸罪於這道高牆。

因此，即使有人有心想創造輕鬆表達意見、包容笨拙意見的環境，這種理所當然歸罪於外的想法，還是會影響其他人深思熟慮的態度、果斷提出意見的氣概、認真討論的風氣。

職場是認真決勝負的地方，為了刺激創造力，或許需要一些玩心和從容。儘管如此，就算「玩」也要認真。我還沒有看過隨便玩就玩出成果的人。

在職場和他人討論時，可以直言不諱、爭論不休，但我認為每次發言前都要深思熟慮，不能一知半解、虎頭蛇尾。其中具代表性的例子就是軍師。以前軍師如果意見有誤讓大軍蒙受損失，自己的人頭就會不保。我想軍師就是有此覺悟，所以提出意見前一定會先動腦。先深思熟慮再孤注一擲，才能獲得勝利。

另外，「通風好」、「體貼」的職場，從個人角度來看，的確有助於個人判斷；但如果從組織的立場來思考，卻有可能會出現誤判的「團體迷思」

（Groupthink，指成員傾向讓自己的觀點和團體一致，而無法客觀思考）。

做決策時，如果有太多不必要的人參與其中，就會產生「雖然是紅燈，但只要大家一起過，就無須害怕」的心態。因此，**看事物的角度就會過於樂觀，或無視外界的警告，甚至會忽視風險**。

還有，評估事情時，會輕忽事情本身的內容，只在乎公司內部的權力。甚至為了讓已經決定的事不被推翻，而集體施壓。

我這麼說，並沒有否定「腦力激盪法」（Brainstorming）、「對話法」（dialogue），這些為了激發創造力，而致力於創造自由、扁平化組織的方法。從好的方面來說，這些方法可以輔助「通風不良」的職場，非常重要。但一個公司**如果以符合社會期許的「通風良好」為基準，就會導致思考停滯**。所以，我認為有時視情況，讓自己成為封殺無聊意見的惡人也不錯。

「人才多元」，就是有討厭的人在你身邊

最近，許多公司都非常重視人才的多元性、差異性。企業為了因應環境的

變化，組織內部必須具有和外在環境相同程度的多元性（例如年齡結構、男女比例等）。

另外，從尊重個人、擁護人權的角度來看，「組織人才應具有多元性」更是理所當然。我非常喜歡日本詩人金子美鈴在作品中，提到「人各不同，各有所好」的價值觀，但話說回來，我認為具有多元性的職場並不等於友善職場。

我對多元性的優點並沒有異議。只是人才多元的職場，和能輕鬆工作的美好世界這種天真的想法不太一樣。因為，所謂的多元環境，就是身邊有不同想法、不同價值觀的人。對我而言，這是一個有惡人的職場。

一般來說，人遇到和自己想法相同的人會很投緣，和價值觀不同的人合不來。而在多元性的職場，由於每個人的做事方式都不同，這樣的職場一定充滿壓力。

例如，對工作充滿熱情，把大部分的人生都貢獻給工作的人，或許會覺得重視工作與生活平衡的人不認真；討論時希望能直話直說的人，看在重視協調性、希望大家一團和氣的人的眼裡，或許就是屬於沒有同理心、遲鈍、無情、冷酷的類型；希望不斷開拓新契機、好奇心旺盛的人，對於每件事都要追根究柢的人來說，會覺得他們個性隨便；認為只有努力工作才能磨練技術、具有專家特質的人，或許會把重視效率，企圖走捷徑到達目標的人，視為無可救藥的投機者。

這些對立的價值觀何者才正確？得視個案而定，有時都有道理。但看在雙方的眼裡，對方的存在大都令人反感。

那麼，我們該怎麼辦？多元性管理（Diversity Management）真的非常困難，因為世界上有太多不相容的價值觀。我認為最簡單、最基本的解決方法，就是**明確的告訴他人「這個價值觀我絕不讓步」、「關於這一點，我不認同其他的意見」**。

例如，最近大家都認為具有彈性的遠距工作制（Remote Work，在辦公室以外的地方工作，非SOHO族）非常好。但如果老闆認為，大家面對面、長時間一起工作非常重要，還是可以堅持「我們公司絕對要早上九點上班，下午六點下班」、「嚴禁遲到」。連對工作時間要求不嚴謹的網路初創公司，也有不少會如此規定。

另外，有些公司希望員工有話就直說，不用太多繁文縟節。但我認為，就算會影響討論的效率，還是要重視人的心情和顏面，所以用委婉的表達方式溝通比較好。因此，我在自己的公司規定，說話時要有禮貌。

總而言之，不管我們的社會變得再怎麼多元，企業還是要**明確告訴大家「我們的公司就是這樣」。堅持某一個價值觀**（或多個），並排除其他的價值觀是非常重要的。

有彈性的工時，其實讓你更累

乍看之下以為是友善職場的企業，其實存在許多問題，並非大家想像的那麼單純。我們接著看看其他的例子。

二〇一六年，瑞可利正式導入沒有日數上限的遠距工作制度，適用對象為全體員工。除了正式員工外，連約聘以及派遣員工都適用。

「本公司希望打造一個人人都可以自由選擇工作方式的環境。」（摘自瑞可利網站）在這個目的下實行的遠距工作制度看似良善，但其實是有陷阱的。

首先，就是遠距工作這件事。因為是遠距，所以所有溝通都得透過電子郵件、簡訊、社群軟體聯絡。也就是說，彼此互動偏向以文字為基礎。

所有報告、聯絡、討論，都透過文字一來一往，的確不易產生誤解。另外，進行某個決策時，因為所有討論的過程都會留下文字紀錄，所以可以很清楚的告訴每個人，這個決定是經過什麼樣的流程產生。如此一來，就可以減少日本職場常見的「看當場氣氛做決策」的現象。以上這些都是優點。

如果我們把培育人才狹義的解釋為，「某人把自己所擁有的知識（外顯知識〔Explicit Knowledge，以文字、圖樣等方式儲存在特定媒體的知識，並進而分享給大眾，例如：論文、教科書等〕）和技能（內隱知識〔Tacit Knowledge，指主觀的經驗或體會，不易分類、用文字記載製作成詳細的文件〕）轉移到別人身上」，遠距工作就是把知識用文字明確定義的大好契機。

但我們常說「**專業的工作不是用教的，而是用偷的**」。意思是，專業的工作與其讓專家透過嘴巴傳授，不如自己在一旁觀察學習。此時，**遠距工作就無法這麼做**。

其次，是關於公司成員的「一體感」（按：組織成員不是獨立個體，而是共同的團體）。遠距工作的組織成員會有一體感嗎？我把一體感定義為成員之間的好感度、親密度、共鳴度。當然，透過嚴謹的流程管理，就能確實分配工作，或許不需要這種一體感。但大部分的公司都不是這種類型的組織。

遠距工作為何會欠缺一體感，其中一個關鍵就是每天的接觸頻率。這種接觸頻率也可以用美國心理學家羅伯特・扎榮茨（Robert Zajonc）的**單純曝光效應**（Mere Exposure Effect，反覆接觸某對象後，會對該對象降低警戒心，並增加好感度）解釋。

單純曝光效應可以用來說明電視廣告中的明星、商品，或網路上的橫幅廣告為何有效，我想應該也適用於解釋遠距工作制度。簡單來說，因為對同事曝光量的減少，就有可能喪失一體感，最後影響工作的成果，也就是影響生產力。

美國心理學家埃爾頓・梅奧（Elton Mayo）的「霍桑實驗」（Hawthorne Experiments），就提到以下的假說：「勞動者的作業效率，受職場個人人際關係或目標意識的影響，大於客觀的職場環境。**非正式的人際關係會影響生產力**（例如，和投緣的人一起工作，因為會覺得快樂，想更加努力，結果就會提升生產力）。」

換句話說，組織的成員若失去一體感，就有可能降低生產力。如果再加上某些專業技能很難文字化，而讓人才培育的品質變差，情況就更嚴重。

要導入遠距工作制度，就必須承擔這些風險。想讓遠距工作成功，必須經過許多挑戰。不過，一個人能遠距工作，就表示他有能力處理各種狀況。而且員工採取遠距工作，公司就不需要太大的辦公室，從經營成本的角度來看，這是一大優點。因為辦公室面積變小而多出來的資金，還可以用來投資設備。已適應員工遠距工作的組織，今後面對人才國際化（成立跨國公司）的能力，一定高於員工只在辦公室工作的組織。

從這個角度思考，遠距工作的確是未來的一個趨勢。或許大家之後會熱烈討論該如何實現。不過，只談論遠距工作制度好的一面，會出現上述的幾個陷阱。唱衰遠距工作制度的人或許會被組織視為惡人。但在我的眼裡，他們只是誠實的說出問題所在。

「職住接近」，如同地獄

在大都市工作，每天都不得不擠電車，一路搖晃到下車——這就是上班族最典型的通勤地獄。但隨著經濟泡沫破裂、地價穩定、都心回歸（按：地價下跌時，郊區的居民回歸大城市的現象）、勞動人口開始減少、人人重視工作與生活的平衡後，這一幕也逐漸成了過去式。

不少新創企業都導入「二站規則」，鼓勵員工住在公司附近，並給予住宅津貼，希望藉此為組織帶來好的影響。但「職住接近」（職場與住家接近），真的只有優點，沒有缺點嗎？

現在許多公司會提供交通津貼給通勤的員工。事實上，公司並沒有支付交通津貼的義務，勞基法也沒有這項規定。也有企業認為為什麼住得遠，公司就必須支付高額的交通津貼？並覺得這和業績完全無關，而將這筆費用全數刪除。不過基本上，絕大多數的公司還是會提供。如果員工住在公司附近，交通津貼的成本就會下降。但這筆錢若用在其他員工福利上，成本等於沒有變。

從這個觀點思考，不論是希望員工住在公司附近，或住任何地方都可以，就只是單純的組織發展和人事的問題。那麼，如果大多數的員工都住在公司附近，會變成什麼情形？

物理距離一變近，員工之間接觸的機會勢必會變多。如果連回家的路也一樣，下班後喝酒的場所必然也相同。一進店裡，碰到公司同事也不稀奇。而且，喝酒喝到深夜不須趕最後一班電車、假日呼朋引伴也非常簡單。

隨著交流量增加，就會產生前面提過的單純曝光效應。於是，同事之間互相產生好感，同事之間的關係、檯面下的交往越來越緊密。簡單來說，就是加強了一體感。一體感強的組織，資訊容易交流，同事之間會互相支援，感覺上似乎都是優點。

但是當一體感強、接觸次數多，組織最後有可能會走向「同質化」（homogenization）。同質化本身不是一件壞事，有助於建立共識。然而對組織的創造力來說，過度同質化反而會帶來壞處。

另一個負面影響，是員工變得更不自由。例如，主管臨時要趕一項工作，因此突然打電話給你：「喂，現在能來公司一趟嗎？」若公司與住家接近，想用「不行，因為我已經回到家了」當藉口就行不通。這時，和討厭的主管日夜都得碰面的地獄，或許比通勤地獄更慘。在無處可逃下，員工會產生換工作的念頭。我認為人都有「不想見誰」的自由。但「職住接近」將導致你不論願不願意，都得見到某個人。

即使我說了這麼多，是否鼓勵員工住在公司附近，還是由公司決定。也就是說，這得看企業想打造什麼樣的組織文化。

公司如果希望具有同質性、一體感，大家同心協力往同一個方向前進，就可以選擇「職住接近」；相反的，若公司認為多元思考很重要、必須不斷提出新創意，或許就不適用「職住接近」。另外，部門、職務也是影響選擇的因素。總之，「職住接近」這種制度，某種程度上是可以討論的，所以任何公司都應該好好研究。

除了組織發展外，我們也可以從別的角度看這件事。例如，若通勤時間縮短，員工可以有更多的時間發展自己的興趣或陪伴家人。如此一來，就可以提升員工的生活滿意度，能集中精神好好工作。當然，公司也有自己的盤算。公司一定都希望員工「與其把時間花在通勤上，不如用來工作」。這是題外話。

公司一旦導入「職住接近」制度，辦公室大概就很難移動。另外，如果是長距離的通勤，有些人會在電車上看書或學習外文；如果通勤距離短，有的人或許會開始怠惰。所以，不論住家和職場的距離是遠是近，都各有優缺點。

「友善」的定義，每個人都不一樣

前面我所說的「友善」，通常都是用來形容工作環境，而且會以客觀的事實比較。例如，適當的勞動時間和休息時間、讓工作和生活保持平衡的彈性措施、充實的福利制度等。

此外，工作本身快不快樂、幸福不幸福等心理上的主觀因素，也和「友善」息息相關。例如，透過工作可以獲得成長，對社會有貢獻等。

類似「友善」的概念中，有一種概念叫工作意義。最佳職場研究所（Great Place to Work®）每年會調查「有工作意義的公司」，並公布排名。我以前在人壽保險公司 Lifenet 工作時，曾參與這個計畫並有排列名次的經驗。這個機構所定義的工作意義，很值得大家參考。

他們用信用、尊敬、公正、自尊、連帶感（按：一體感、成員對團體的認同態度）這五個要素構成工作意義，並且為了提升工作意義，在管理上設定了三領域和九要素。這三領域和九要素是：達成組織目標（啟發、說明、傾聽）、發揮個人能力（感謝、栽培、關照）、像團隊或家人一樣工作（採納、祝福、分享）。

從中我們了解，工作意義中的信用、連帶感，這種主觀的、心理上的要素，和一開始所提到的職場、勞動環境、管理手法等客觀的要素一樣，都是可以實際提升工作意義的方法。

因此，一個人能否透過工作產生幸福感，才是職場工作的最終目的。**能透過工作產生幸福感，這個職場才是真正友善的職場**。舒適的勞動環境、合乎潮流的人事制度，**並非等於讓人輕鬆工作**。這些雖然都和友善職場有關，但都不是必要的條件。

有人在舒適的環境下工作，卻覺得自己好像在地獄；有人在看似辛苦的環境下工作，卻覺得自己身在天堂。人都有各自的價值觀，有人覺得公司提供免費午餐很棒，但對想在外面吃飯解悶的人來說，卻很痛苦。推廣遠距工作制度也一樣，對希望能跟同事有一體感的人而言，反而會有落寞的感覺。

我認為對「友善」的價值觀之所以不同，是因為成就幸福的方法不同。人有兩種類型。一種是發生問題時認為原因不在自己，而在環境或他人身上，這種人是為了成就自己的幸福，會想改變環境的「**革命家**」；另一種是什麼都先怪自己，是自己不好，所以為了解決問題，即企圖藉由改變自己的內心、改變對環境的認知，以成就自己幸福的「**宗教家**」。

企業變革需要革命家，組織想安定需要宗教家。兩者都是組織需要的人。但以輕鬆工作的「友善」這一點來說，到底何者較好？我們先來看革命家。他們想打造夢想的環境，但能改變的外在因素其實很有限。例如，改善環境所需要的資金、人力資源等。換句話說，沒有錢就不能裝潢漂亮的辦公室。

而且，就算真的改善了辦公環境，革命家也會因為不滿足，希望再做進一步的改善。就經營企業而言，求新求變當然是一件好事，但一直欲求不滿，永遠都不會幸福。

接著，我們再來看宗教家。就如山上寶訓（Sermon on the Mount，《聖經・馬太福音》第五章至第七章，耶穌基督在山上說的話）中的「心靈貧乏的人有福了」、京都龍安寺的「吾唯足知」（知足常樂）的智慧之語所說，不是透過改變環境，而是藉由心靈成就自己的幸福，所以資源無限。

而且改變心靈不需要麻煩的手續，瞬間就可以做到。就如同我們常說的「賦予意義的力量」，經常思考發生在自己身上的事有無意義，並賦予最能激勵自己的動機，就能讓自己用正面的態度面對一切。

就如上述，革命家與宗教家對可輕鬆工作的「友善」感覺，都各有不同。如果公司裡的成員以革命家居多，雖然能不斷改善職場，但人的內心永遠無法滿足。想要達成組織的目標，只依靠改善職場環境是行不通的；相反的，如果公司員工以宗教家居多，雖然多數人都滿足現狀，但職場環境就一成不變。在惡劣的職場環境下，太過強調心靈的滿足，很容易發生「壓榨勞工」的糾紛。

總而言之，偏向革命家或宗教家都不恰當，最好在兩者之間取得適度的平衡。即使是個人，也要讓這兩種思維保持平衡，讓自己既可以果斷投入改善環境的行列，也可以耐著性子改變自己的心靈。

第二章

好人主管的黑臉管理學

許多人會在辦公室或酒館大罵：「我們公司沒有願景，所以才會這麼糟糕！」我就曾親耳聽過好幾次。《基業長青》（*Built to Last*）是一本談論管理學的書。這本書認為「有願景」是件好事，而且視沒有願景的領導人為惡人。

如果有願景，員工會有幹勁、組織會有強烈的一體感、公司業績會蒸蒸日上……可說是只要有願景，就無所不能。連我以前的老東家瑞可利，也有許多員工對「公司沒有願景」表示過不滿。

領導者真的不需要給願景

但現在回想起來，我的心情卻五味雜陳。大家知道瑞可利是全球化的上市企業，事業發展的非常順利。那麼「沒有願景」到底是在罵什麼？瑞可利真的沒有願景嗎？企業真的這麼需要願景嗎？

根據在日本開設MBA課程的GLOBIS公司的定義，所謂「經營願景」就是「在經營理念之下，制定公司未來的具體目標，並向員工、客戶、社會展現」。簡單來說，經營願景就是組織的目標。

根據這個定義，沒有願景的公司就是沒有目標的公司，這樣聽來或許會讓人覺得不安。沒有目標（願景），人就不知道應該以什麼為目的做些什麼（有些公司稱之為使命或任務）。不知道該做什麼，就會迷失方向。

人一不安，就會尋找不安的原因而變得有攻擊性。如同埃里希・弗羅姆（Erich Fromm）的《逃避自由》（*Escape from Freedom*）所說，**人其實害怕自由，而且想逃避自由。因此，沒有明示目標，員工就會感到不安、攻擊公司**。

我認為企業需要願景，畢竟公司必須對社會有所貢獻。如果公司能有讓員工產生共鳴的願景當然很好，組織可以馬上朝著願景邁進。

但這不表示，如果沒有事先規畫願景，公司就不能對社會有所幫助。老實說，聽到瑞可利的員工這樣批判自家公司，我想到的是，瑞可利讓員工自行創造機會，透過機會改變自己，不就是很棒的行為規範？沒有願景，等於沒有束縛。沒有束縛，就可以自行創造機會，自由做各種嘗試。

《基業長青》一書中還提到，「要先選人，再選目標」。因為「沒有目標但先選人」，比「先決定目標後，再選人」的企業，更能永續經營。想搭不知道開往何處的公車的人，都是討厭固定路線的人。這種人多半有無窮的點子，對組織的未來一定有所貢獻。換句話說，公司可以先環視公車上所有人，再決定讓哪些人去郊外露營、讓哪些人去名勝古蹟繞一繞。公司能視實際的狀況，決定集團的「目的地」。

願景不是由公司創造，而是由組織中的人自行設定。如果員工被強行灌輸願景，就形同自由受到限制。

不過，如同弗羅姆觀察的，在明確規定可以做什麼的狀態下，許多人（尤其是日本人）反而會覺得愉快舒適，所以才會對公司沒有願景不滿。以前，瑞可利應徵應屆畢業生的宣傳冊子上，有句文案是「不要輸給自由的脅迫」，我非常喜歡這句話。沒錯，「自由」是一種脅迫，是一種很可怕的力量。

我絕非看不起因無人規定自己的方向，就覺得不安的人，我了解這些人的心情。我沒有否定他們，只是想為他們打油打氣，希望他們不要認輸。另外，我還想告訴大家，**沒有願景的職場並不是糟糕的職場，反而是什麼都可以嘗試的公司**。不要把不安的情緒變成無意義的攻擊，或開口罵誰是惡人，而是改變想法做好心理準備，對自己說：「只能靠自己！」

有時，你還得把部屬的煩惱當耳邊風

作為主管的人，很自然希望被部屬喜歡、依賴、被部屬當成好人。因此，只要部屬說一聲「我想跟您談一下」，就會認真傾聽，並想馬上著手處理。

但**太過積極想助部屬一臂之力，有時反而是幫倒忙**。特別是部屬的煩惱和職場的人際關係有關時，主管的火速行動往往讓事態更惡化。

假設，部屬A找主管傾訴煩惱，告訴主管：「B總是針對我。」

「是啊，B有時的確有點糟糕。」主管回了這句話後，打算立刻解決這件事，以博得部屬的信賴。但事實上，主管的火速行動讓A感到慌張：「我不是那個意思。我並不是說B不對……。」事情往往會往這個方向發展。

看起來，A不希望主管採取這種態度。因為A不認為自己和B兩人發生爭執，完全是因為B的不對。

其實，煩惱的起因常常是部屬自己能力不足或犯了錯。也就是說，部屬明知道是自己的錯，但不知道該怎麼處理，才找主管討論。**部屬只是想表達「自己很煩惱」，並沒有想要否定他人**。卻被主管解讀成「部屬有困擾，為部屬解決困擾是我的職責」，反而讓對方更為難。

主管把A的擔心擱在一邊，並對B客氣的說：「B，事實上，A來找我談過了……你稍微注意一下自己的言行如何？」主管並沒有惡意。但聽了這些話的B，有可能會這麼想：「我好心指導A，他竟然跑去向主管打小報告。說得好像他是對的，都是我的錯。」

之後，B對A或許就更冷漠。深信自己做了好事的主管，卻沾沾自喜對A說：「A，我已經跟B說過了。」聽到這句話的A，應該會覺得自己完蛋了。當部屬希望主管在正常的狀態下給予支援時，主管如果認為「好事不宜遲」而直接處理，反而會讓事態更惡化。

這種事只要發生過一次，部屬應該就不會再找該主管吐露心聲。因為部屬會覺得「只要找主管談誰的事，他就馬上去找那個人」，讓事情變得更麻煩。

部屬的煩惱往往是心理事實，而非客觀事實

要避免這種狀況發生，首先，**主管對於部屬說的話只能聽一半**。也就是說，

不要認為部屬說的話，都是客觀的事實。最好先將部屬的話放在心裡，冷靜觀察後，再決定是否採取必要行動。

如果主管完全沒有動作，或許會被當成惡人，但這並不是認為部屬在說謊而隨便敷衍。請記住，人在看人或組織時，心理上會出現某些認知偏差，如一廂情願、偏見等，這些會讓事實扭曲。

對當事人而言，這是一種心理事實，所以會認真看待。但主管必須有「雖然這個人這麼想，但真實狀況得查證」的認知，不能當場認定這就是事實。

換句話說，主管必須先收集各方面的資訊，再判斷部屬認定的事，到底是真的事實，還是部屬心中的事實。能力強的人碰到問題，大都會想馬上解決或提出對策。但如果這個問題和人有關，最好在事態明朗前，耐著性子等待，不要輕舉妄動。

如果這是部屬心理的問題，時間就是最好的良藥。只要經過一段時間，部屬心情好轉，事情就解決了。另外，主管在調查的過程中，也有可能發現，起因其實是部屬的自以為是或誤會。如果能找到推翻部屬心理事實的真實事實，並給與部屬提示，就可以解開誤會，讓問題畫下句點。

應酬不是壞事

以前，中高年齡層的男性上班族，都喜歡下班後邀同事或朋友喝酒，藉此加深彼此之間的關係。這種日本特有的喝酒文化，透過酒精的催化作用，讓彼此放輕鬆，進而突破交流的障礙，表達自己心中的感受，使彼此的關係更深厚。

記得我剛出社會時，真的是「喝酒三個小時勝過工作三個月」。事實上，我藉由一起喝酒的幾個小時，了解鄰座同事不為人知的一面。且到目前為止，這樣的事已經發生過好幾次。

對從事人資工作卻有對人恐懼症（按：因為在他人面前失敗過，而在他人面前感到極度緊張。日本特有的文化依存症候群，在世界廣泛的稱呼為社交恐懼症）的我而言，很重視喝酒交流這件事。因為借酒壯膽，我才有勇氣深入各種話題，所以在我的人生中，和同事喝酒真的很重要。總之，對我而言，應酬算是好事。

但現在，喝酒交流時代已經結束，尤其是主管和部屬之間的應酬風氣。以前社會上的許多主流風氣，現在有一大半都呈現人人喊打的慘狀。

「如果和主管喝酒是工作，就應該有加班費。但我們不只沒錢拿，自己還得出錢。」、「靠應酬經營的人際關係是一種妥協。根本公私不分。」、「主管是不是靠應酬才能做好工作？」、「應酬花兩到三個小時也太長了，不論什麼事應該只花一個小時解決。」、「對酒量差的人來說，這種聚會根本是地獄。」、「和異性主管或部屬喝酒真的很尷尬，畢竟性別不一樣。」

其中還有：「主管是為了掩飾自己缺乏管理能力，才想騙我們去喝酒。」、「主管喝酒根本是借酒裝瘋，應酬變成性騷擾的溫床。」等發言。因此，應酬在現今的社會已經過時，**強迫部屬參與的主管還會被當成惡人**。老實說，對於這些反對的意見，我大都持贊同的看法。基於個人健康因素正在戒酒的人，就不能參與應酬。但透過喝酒交流，對工作真的完全沒有幫助嗎？

仔細看看周圍的人，雖然否定派還是居多，但事實上，有些年輕人未必排斥應酬（或許是我個人比較遲鈍）。對於主管戰戰兢兢的邀約：「如果方便的話，我們找個時間邊吃邊聊……不，利用白天在會議室說說話也可以。」部屬通常會用期盼的口氣回答：「當然，我們一定參加。」

當然，還是有被厭惡、被拒絕的主管。這兩種結果的不同點是什麼？其實只要動腦想一想，答案就呼之欲出。總之，之所以會有不同的結果，與其說是部屬討厭應酬，不如說是**部屬討厭和不喜歡的主管喝酒**。

如果不是這樣，年輕人應該會拒絕所有的酒局，但事實並非如此。年輕人之所以拒絕主管的邀約，其實是認為那是個不值得參加的無聊場子。

本來，主管邀大家喝酒交流的動機是好的。主管主動開口，絕不是為了讓部屬討厭自己，而是希望和部屬建立更深入的關係。

如果真如反對派所說，是因為主管管理能力不足，我無話可說。沒有酒就不會管理的確很糟糕。但有的主管或許為了補救自己不足的能力，才努力邀部屬喝酒。

因此，我想如果主管可以遵守以下的規則，讓酒局變成快樂的場合，或許年輕人就會包容管理能力笨拙的主管：

一、**不強迫**：輕鬆酒局的前提是，不強迫是否參加。原本喝酒交流是為了補救主管的能力不足。因此，主管面對部屬時要讓一步，千萬不能強人所難。除了不能直接強迫，也不能營造難以拒絕的氣氛。如果部屬心不甘情不願的參加酒局，只會得到反效果。若參加的氣氛不熱絡，就放棄喝酒，改為一起吃午飯、喝咖啡，或在會議室裡聊一聊。

二、**在短時間內結束**：千萬不要帶部屬續第二攤、第三攤。只喝一攤、花兩個小時、喝一瓶酒就結束，事情一談完就讓部屬回家。如果喝不過癮，就自己一個人上酒吧。

三、**主動請客**：如果主管開口邀請，基本上是主管買單。對部屬而言這是加班，部屬會想要加班費，所以我希望，主管應避免再增加年輕人的負擔。

四、**喝酒不過量**：不少人一喝茫就特別亢奮，開始對年輕人說教。但就算說教說贏了，人也不會改變。而且，在酒精的作祟下，人的情緒起伏會很大，或許因此惹得對方不高興。人一喝醉，記憶力就會變差，就算當場談得熱血沸騰，極有可能最後結果是「咦？我昨天說了什麼？」這樣就本末倒置了。最糟糕的是，忘了在交流時對部屬做的承諾，反而失去部屬對自己的信任。

五、**不長舌，傾聽對方說話**：主管世代的人，一說起話來都沒完沒了。很多人沒發現自己有這個毛病。基本上，大家最好都要有這個自覺（包括我在內）。如果是工作的事，可以在白天給予指示；如果是必須喝酒才能開口談的事，主管自己不要主動開口，要聽對方說。

六、**在酒局說的話，要包容、保密**：酒也是一種藥物，使用這種藥物，可以讓人說出心裡的話，部屬或許因此說了過多的話。這些話對主管而言，或許很失禮，本來是不該說的祕密。隔日，主管卻忍不住對別人說出口。「酒局中所說的話就限於酒局」，這是基本常識。但主管往往沒有做到這一點（部屬所說的話，只有當場不能忘）。

以上，都是理所當然應注意的事項。只要主管都能遵守，年輕的部屬應該可以包容「喝酒交流」這種應酬，並讓它發揮應有的功能；相反的，如果無心遵守，就不需要應酬。

應酬如果多用點心，即使是現在，對某些特定的員工還是很管用。其實任何的應酬都一樣，究竟適不適合因人而異。因此，不要拘泥於一種形態，要懂得視交流的目的改變。

部屬同質性過高，不利成長

基本上，我非常重視組織的多元性。我想公司如果盡可能的，讓組織擁有和社會相同程度的多元性，可以應付社會的各種變化。例如，組織成員的男女比例，我認為最好是男女各半。這樣的話，男性可以了解女性的生活狀態，而女性也可以知道男性的思維。

尤其是把產品賣給消費者的B2C（Business to Customer）企業，更應該如此。因為這個市場的男女消費者比例就是五比五。但事實上，大家都知道，消費者以女性居多的化妝品、糕餅等公司，卻是不折不扣的男性社會。

男女各半的優點，並非單純只有可以了解異性的想法。「**想為異性打扮**」的企圖也是其中之一。說是企圖聽起來有點低俗，但每個人應該都有這樣的心情。如果工作的地方有很多異性，想讓對方看到體面的自己是很自然的事。事實上，應屆畢業生選擇實習機構時，男女人數均等的企業比起偏男或偏女的企業，更受到青睞。

接下來，我想比較男女人數比例偏頗的狀況。最佳的參考範例或許就是純男校、純女校和男女合校文化上的差異。我讀的是純男校，因為學校裡沒有女生，所以會發生以下狀況：

一、對異性有幻想：對異性不是極端的理想化，就是極端的自卑，也就是抱有和現實不同的幻想。如果把學校轉換成公司、企業等場所，就是把異性當成職場之花，為了展現無微不至的呵護而幫倒忙，或者把異性當花瓶，不願意給予好的工作、好的職位。

二、骯髒雜亂的環境：因為身邊沒有異性，就懶得打掃、整理環境，讓所處環境變得又髒又亂。每個人都不在意他人的目光，無法打造一個舒適的工作環境。

三、一體感或排他性（Excludability）：集團裡都是同性的人，很自然會產生一體感；相反的，很多時候也會對異性產生排他性的感情（完全不和異性交往或搶著結交異性）。因此，就會特別重視某種特定的習慣，或像某種儀式的活動（例如，公司裡大部分為男性職員，喝酒聚會時，有「只要被點名就要一飲而盡」的習慣等）。

當然，組織多元性的軸心，並不是只有性別。例如，用學歷、年齡等其他的屬性區別，也會有同樣的現象。公司裡只有大學學歷的員工，他們怎麼看待非大學學歷的人，以及年輕的員工怎麼看待高齡者等的情形，其實都和男女比例偏頗的狀況很雷同。總而言之，組織人才不夠多元，特別容易發生問題。

面對團體裡的破壞王，別怕扮黑臉

在大學的社團或小組裡，有人因和某個人談戀愛，結果破壞了和周圍的人際關係，這種人多半被稱為「社團破壞王」或「團體破壞王」。不單只有戀愛，很多人的某些行為也會讓所屬的團體暴露在崩壞的危機中。

我直接或間接聽說過形形色色的案例，不管媽媽團體、鄰里協會或是職場等都各有狀況。一聽到有人有意無意的慢慢擾亂團體，我就會起雞皮疙瘩。破壞王會用各式各樣的方法擾亂團體，但不管用什麼手段，似乎都會出現以下五個動作。

第一，背地裡談論團體領袖或其他重要成員。最典型的例子，就是說不在場的人的壞話或造謠生事，藉此破壞團體成員對這個人的信任。就算聽的人覺得不是事實，但因無風不起浪，就會產生「雖然不知道是真是假，但如果是事實會連累到自己，還是離那個人遠一點」的念頭。破壞王用這個方法，讓某個人被孤立，並摧毀團體內部的情誼。

第二，說謊。說起謊來面不改色，也是破壞王的特徵。因為面不改色、無動於衷，所以聽的人會認為「沒錯，就是這樣」。這讓說真話的人，看起來反而像騙子。

我並不是指謊言只要重複說一百次，就會變成真的。但一般人通常不會重複說同樣的謊話，所以多說幾次後，會讓人認為「他都已經說到這個程度，所以應該是真的」，導致謊言成真，使說真話的人變成說謊者，瓦解團體的信賴關係。

第三，討好重要人物。為什麼破壞王不會被團體排斥？因為他會先諂媚團體中的重要人物，並獲得這個人的信賴。

當他人發現破壞王的不懷好意，想要和他撇清關係時，如果彼此只是點頭之交，就會產生「這個人雖然有點怪，但也不是什麼大惡人」的印象。可是當破壞王的言行舉止有問題時，重要人物就會出面打圓場：「他沒有惡意，這其中一定有什麼誤會。」於是，破壞王就繼續存活下來了。

第四，搞小團體。在團體中，人多就是力量。支持自己的人多，就可以大聲說話。所以破壞王只要一發現個性比較懦弱的人，就會上前吹噓，告訴這個人「我和重要人物是夥伴關係」，並暗示自己可以提供一些情報或好處，再將這個人當作自己的小弟。

此後，破壞王每次說謊或暗地說人壞話時，就會對小弟施壓，問他們：「我說的對吧？」並逼他們說：「對！對！」只要收集小弟同意的聲音，自己在表達意見時，就可以不顧別人的看法，大言不慚的表示「不只是我，大家都這麼說」。如此一來，連正經、認真的人也會被洗腦，認為如果大家都這麼說，那應該是真的。

第五，營造碰不得的氛圍。雖然破壞王做了各種齷齪的事，但因為說謊成性，所以只要被制裁，就會馬上落淚。也就是說，破壞王暴怒、心情不佳時，會透過極端的情緒化，營造讓別人害怕搭話的氣氛。簡單來說，就是讓別人認為自己碰不得，進而把自己放在一個安全的地帶。

如果狀況演變到這個地步，其他認真的人就算覺得破壞王說的話很糟，也會認為自己如果刻意提出來，一定會受到大家反擊、甚至被當成傻瓜，索性和團體保持距離。結果，什麼是真的什麼是假的、誰是正確的誰是錯的，反而分不清了。

如果有人問，為什麼這些破壞王會採取前述那些舉動，我想這是因為，他們渴望被承認的欲望是不合理的。因此當在團體裡無法透過循規蹈矩的方式，一步步勝過德高望眾的人時，這些**破壞王就會用不合理的手段，把上位者拖下來，以成就自己想被承認的感覺**。

因此，如果不想被破壞王盯上，首先不妨輕聲表示：「是的，你真的很棒。」破壞王聽到後會在心裡想：「沒錯，我很棒。」但千萬不能讓破壞王產生想收你為小弟的念頭。因此，誇一句後就要腳底抹油快溜。縱使破壞王真的會錯意，也不能讓他以為你是自己人。簡單來說，就是用消極的逃避方法，先站在破壞王這一邊。

但只是逃避，之後就只能眼睜睜的看著團體被他攪亂。如果對你而言，這個團體真的很重要，就得下定決心和破壞王積極對決。其實做法很簡單。破壞王說過的話一定有很多**不合理的地方，所以盡可能收集很多事實，在有重要人物在場時，不扮白臉而扮黑臉，直接譴責就對了**。

有人可能會認為沒這麼容易做到，但如果這個團體對你真的很重要，就只能這麼做，因為破壞王是會趁虛而入的魔鬼。

本來，團體中每個人都有各自的職責，所以只要一一確認事實，就可讓破壞王的一言一行無法發揮作用。但偏偏大多數的團體（尤其是大學裡的社團、媽媽團體之類鬆散的組織）都沒有明確的職位，所以破壞王可以一手遮天。

團體破壞王會為了一己私欲（希望被承認的欲望），而破壞團體所有人的共同財產、舒適環境。所以碰到這種人絕對不要逃避、視而不見，一定要勇敢對峙。就算扮黑臉、因為大聲而被當成惡人，也不要恐懼退縮。

主管愚鈍，組織才會聰明

日本有句俗語：「不管住多大的房子，人站著只需要半個榻榻米的空間，躺下去只需要一個榻榻米的空間。就算取得天下，一餐飯也不超過兩合半的米（按：一般標準的榻榻米寬〇．九公尺、長一．八公尺，面積為一．六二平方公尺。一合米等於一個量杯的米，為一百八十毫升）。」簡單來說，人的世界其實只有自己半徑三公尺內的範圍。因此，就算是大企業的社長、內閣的總理大臣（首相），如果和周圍的人關係不佳，每天還是會像一般人一樣，過著充滿壓力與煩惱的日子。

以職場來說，最具影響力的人是部門的主管。對自己而言，**身邊權力最大的部門主管的好與壞（自己適不適應），是決定工作的地方是否為友善職場的關鍵**。那麼，有能力創造友善職場的部門主管，該具備什麼樣的條件？

能當上部門主管的人，基本上都是有能力的人。在部屬眼裡，無法為部屬打造友善職場的部門主管，看起來會很無能。但企業會選擇他們當主管，絕對有其原因（選錯人公司會倒閉），讓無能者升任的個案並不多見。

不過，部門主管（管理職）的才能和業務人員（球員型的職員）的才能並不相同，所以有人能適應，有人無法適應。有才能的業務人員，之所以變成沒有才能的部門主管，絕大問題都是因為業務能力太過傑出。

對組織而言，業務人員會在市場第一線，以最快的速度把解決方案交給客戶。他們的強項是快速的判斷力、解決問題的熱誠。**但對打造友善職場的部門主管來說，這兩個強項反而成為弱點**。雖然狀況因行業類別、工作類別而有不同，但能力好的業務人員其決策速度都非常快速。現今市場變化不斷、競爭激烈，許多情況下速度比什麼都重要。但一旦成為管理組織的部門主管，這種速度有時就成為障礙。

組織是由成員之間的關係組合的集合體。人是生物，是活生生的個體，肉眼雖看得見表象，卻看不見關係。關係是組織成員腦袋中的「心理事實」，不是物理事實。心理事實因為加入個人的解釋，所以會產生偏差。

也就是說，假設部門主管想了解組織的現況，先問某個人：「你怎麼看待我們現在的團隊？」再問其他人同樣的問題，會得到不同的答案。有人讚賞，就會有人嘲諷。有人認為大家相處氣氛良好是好事，有人認為這樣如同溫水煮青蛙，團隊沒有危機意識、沒有上進心。這就是組織的常態，而且因為說的都是心理事實，所以沒有對錯之分。

因此，如果用少量的資訊做決策，很容易出現判斷錯誤的狀況。總而言之，主管一定要盡量多方面觀察組織，**在收集資訊期間，不做任何決定**。就算被部屬認為是議而不決的拖延型主管、是個惡人，也要**停止積極的判斷**。

事實上，即使多方面觀察後，終於看到問題所在，主管還是有另外一個障礙要克服，就是**「人的慣性」**。因為每個成員腦袋裡的觀念不同，你不可能取出強行修正後，再放回他們的腦中。因此，身為部門主管的人，只能每天運用自己的一言一行，設法在會議上釋出一些訊息或改變團隊的規則，用間接的方式慢慢影響人心，改變組織。

但有業務才能又**有解決問題熱誠的部門主管，只要心中一有理想的雛形，就想立刻行動**。因為他想透過立刻行動，讓大家認為他是好人、好主管。

例如，讓發生口角後關係變得僵硬的兩位部屬，強迫他們握手言和：「好了，以後要好好相處。之前的不愉快就到此為止。」如果只是形式上的握手，本質上的問題沒有解決，兩人的交情還是無法真正恢復。更糟糕的是，用這種強迫的方式讓兩人和好，**極有可能讓原本不太糟糕的狀態，一夕崩解變成重大問題**。

以一句話總結前面的論述，就是你如果想成為打造友善職場的部門主管，**即使會被嫌棄，也要愚鈍一點**。別自以為聰明的理解業務人員或其他人說話的用意，要笨笨的聽，**而且每個人的話都只聽一半，千萬不可盲目聽信。另外，盡可能多聽每個人的看法**。如果心中有想法，不要貿然行動，先設定幾個小目標，並一一達標。若碰到有人挑釁，不要著急，要遲鈍並耐著性子，等待挑釁的人改變。倘使想自己解決，就不要讓閒雜人等任意介入。

總之，想完成組織的目標，就必須將過去在業務上表現亮眼的自己封印、將已經浮現腦海的判斷壓下來，並強迫自己「愚鈍」。這的確是一種精神虐待，但只要克服這一點，你就能成為優秀的部門主管。

第 三 章

沒有人擁有
無懈可擊的
看人眼光

想讓組織動起來、打造友善的職場，首先對組織、職場的成員進行診斷。如果誤判眼前的狀況，就算動手改善，也只會朝錯誤的目標前進，尤其是人事問題。因為解決人事問題的教科書，比事業策略、商品開發、市場行銷等領域都來得少。簡單來說，如果一開始能做做出正確評估，後面大部分的問題就會像推骨牌一樣自動解決。

方法少、又容易因為誤判而出錯，就是人資工作最恐怖的地方。

培養看人眼光何其難

人在判斷某個人、事、物時，多半會產生扭曲。這種現象叫做「心理上的偏見」。經常看走眼的人，都有這種強烈的心理偏差。

例如，「確認偏誤」（Confirmation bias）指驗證假說或信念時，會只想收集肯定的資訊，而不想收集反證（可以駁倒原論證的論據）。從羅馬帝國的凱撒大帝開始，自古以來有許多人曾說過：「人只看自己想看的事物。」

人也有喜歡和自己相同類型的人的「相似效應」（similitude effect）。如果有機會調查各種公司的人事考核，就會知道主管往往給和自己同類型的部屬很高的評價，給和自己不同類型的部屬很低的評價。但從專業人資主管的觀點來看，只給和自己相似的人高分，是不專業的行為。

又例如「光環效應」（Halo Effect），也是導致看人精準度降低的認知偏見。這是一種評估某對象時，會被該對象的顯性特徵影響，而讓其他的特徵扭曲的現象。簡單來說，就是評估一個人時，會因為這個人某方面很優秀，使得其他方面也獲得高分。若用比較膚淺的說法比喻，就類似「帥哥做什麼事都會被稱讚」。也就是只憑看到的印象，評論工作成果的優劣。

還有許多其他的心理偏見。總而言之，人在認知方面處處有陷阱。**但許多人常把「只需要幾分鐘，我就可以了解他」、「只要見一次面、只憑第一印象，我就能了解這個人」這些話掛在嘴邊**。這些人誤解了「了解」的意思。我們第一次見到陌生人，的確只要花五分鐘，就可以強迫自己產生某些印象。但這些印象都只是心理上的主觀假設，而不是客觀事實。

會產生這種誤解的人，都十分自以為是。許多在商場上叱吒風雲，或事業有成的經營者、高階主管，經常會說：「只需要幾分鐘，我就可以了解這個人。」有些人真的很厲害，我向他們表達意見時也會有所顧忌。但只要是人，都可能產生各種認知偏差，我認為心理學的理論也適用在他們身上。所以不管這些大人物怎麼說，誤判就是誤判。

為什麼這些大人物會這麼想？因為他們每天必須在不完整的資訊中，以最快的速度下判斷。他們做決策的型態得「決斷」。如果不這麼做，就有違自己的職責。因此，面對「現在，這個組織究竟處在什麼樣的狀態？」、「某部門的那個人，到底是什麼樣的狀態？」之類的事時，常會做出快速但拙劣的判斷。

想要擁有精準的看人眼光，最重要的是不要陷入心理偏見的陷阱。但想徹底剷除心理偏見相當困難也沒必要，因為人本來就不應該也不需要，抹去自己的價值觀和個人的好惡，問題其實出在**人對自己的偏見是否有自覺**，並了解這些偏見從何而來，就能更深入的看一個人。

想知道自己對什麼人有偏見，得先了解自己的性格和能力。然而，這也是一件苦差事。對想當好人的主管來說，要承認自己對人有偏見非常困難。如果運用各種方法，例如，接受日常生活中，來自於四面八方的負面回饋，或透過適性測驗認識自己，使自己對偏見有自覺，就可以培養平等看待他人眼光的基礎。總之，不要認為有偏見就是惡人，你要經常懷疑自己的感覺。

高敏感是天賦。抗壓性高未必是優點

近二十年來，員工的心理健康儼然已成為社會問題。有越來越多的企業，把抗壓性也列入徵才基準。有些公司甚至在面試第一關就進行適性測驗，以敏感程度、自責程度、內向程度等項目挑選員工。

有些企業甚至想從源頭處理這問題，就是不要讓抗壓性低的人進公司。但這種招募人才的方式，真的能打造友善職場嗎？我個人認為，這種做法有幾個陷阱。

我周圍有不少同事、朋友、親人，都曾得過憂鬱症等精神疾病。他們大都是因為太認真、太優秀，累積了過多的壓力才生病。因為責任感強，所以過度努力；因為敏感度強，成為同事傾吐不同意見的垃圾桶，讓自己增添煩惱。但他們也因此完成各種有價值的工作，如果在徵才的第一關就把這種人才淘汰，公司當然看不到他們的工作成果。

許多負責徵才的主考官都認為，他們有能力和技巧可以辨別，應徵者是否在個性和體力上，具備一定的抗壓性、是否有抒發壓力的嗜好等。然而，若這些是決定人才關鍵的因素，我不得不產生疑問。

以我個人的經驗來說，以前我曾在某公司，看過心理健康出現問題的員工和適性測驗的相關資料，所有的試題和員工的心理問題根本沒有明確的相關性。也就是說，任何人都可能得憂鬱症。

另外，在某一家公司，被判定為抗壓性高的員工，進入團隊後，卻總是和其他成員格格不入。換句話說，單看員工個人可能沒問題，但進入組織卻不適應。若徵才的主考官只依賴適性測驗檢測個人抗壓性，極有可能錯失壯大組織的人才。因為，組織有問題應該要改革組織，主管不能只想透過錄用能忍受組織問題的員工來解決問題。

再換一種方式來說，**員工心理出問題就是給組織的警鐘**，如果警鐘不鳴，組織就不會注意到這個狀況。

抗壓性高的人，反過來說，或許就是危機感弱的人。因為沒什麼危機感，反而會把組織的問題擱在一旁、置之不理，這樣公司遲早會出事。員工沒有熱情、創造力，公司又缺乏一體感，最後績效一定會萎靡不振。在這種狀況下，公司看起來像友善職場，卻有傾覆的可能性。而對敏感度高的人而言，這種工作環境卻宛如地獄，因為周圍種種狀況，都勢必讓他們焦躁不安。

招募人才時，如果不看其他的才能，只重視抗壓性的話，就應徵不到優秀的員工。

從以上的看法思考，就是主管明知道人才多元很重要，還是會掉入「這個人看起來具備抗壓性，選他好了」的陷阱。因此，徵才時還是要錄取一些個性高敏感的人，為公司尋找不同類型的人才。我希望主管不要任意為應徵者貼上「抗壓性低」的標籤，要認真思考應徵者，是否是公司真正需要的人。

現在不是只錄取年輕人的時代

現在是高齡化、少子化時代。未來勞動人口的平均年齡一定會向上攀升。但大多數的企業仍想盡可能錄取年輕人，我的客戶也是如此。他們不但希望多錄用二十幾至三十五歲左右的年輕人，還希望上年紀的員工能漸漸離職。

如果錄用了資深員工，就會被說「又找來一個麻煩的人」。

這種想法其實會影響職場的友善程度。首先，是人力的問題。在少子化的狀況下，如果大家都以招募年輕人為目標，人力市場中的年輕人，勢必就會殺成紅海市場（Red Ocean，競爭激烈的市場）。如此一來，**企業為招募人才花費的成本和獲得的成果將不成正比**。而且就算不斷投入金錢和人力，還是有可能因為找不到想要的人才，只能錄取一些程度不高的年輕人。

也就是說，如果執意只錄用年輕人，不是得花上可觀的成本，就是只能去競爭比較不激烈的藍海型（Blue Ocean，較不具競爭力）市場找，例如偏鄉、女性、沒有經驗的畢業生。如果不這麼做又執意只要用年輕人，人才水準或許會往下沉淪。

其次，是人力變動的問題。要讓年輕人進公司，勢必得用一些方法勸退資深員工。因此，優退（提高資遣費）或讓管理職轉任專門技術職的制度，都很盛行。但有些公司卻利用降職的方式惡意逼退，這讓那些不被重視的員工，情何以堪。而且這些企業似乎忘了，年輕人看到公司會如何逼退資深員工，內心將做何感想。

不少公司都認為，把資深員工逼退，讓年輕人升遷絕對可以替公司加分。但事實正好相反。年輕人想的是：「或許哪一天就輪到我了。真的可以把自己交付給以後會拋棄自己的公司嗎？」企業促進人才流動的同時，又要避免這種狀況發生，真的很難。舉例來說，我的老東家瑞可利從以前到現在，一直都以招募年輕人為目標，在促進人才流動方面下足工夫。

不管年輕人有多好，如果公司都是三十歲左右、精力旺盛的人，人口金字塔就會偏向特定的年齡。當然，因為他們也會一起老去，所以平均年齡也會從三十升到三十五歲、三十五升到四十歲，逐漸向上攀升。

如果平均錄取不同年齡層的人，就算平均年齡向上攀升，人口金字塔的形狀依然會是理想的三角形。但如果員工的年齡都很相似，人口金字塔一開始會是「十」型，之後是「十字架型」，最後變成「T字型」，逐漸變成「頭重腳輕」的組織。因為同年齡的人走過的人生階段大都相同，所以如果公司為了促進人才流動而採取逼退措施，這些人極有可能集體離職，進而演變成棘手問題。

與其眼裡只有年輕人，不如思考如何從資深員工當中，找出優秀、適合自己公司的人才，或思考如何讓錄用的員工進入公司後，可以擁有工作熱情，並努力發揮長才。公司有組織力、員工擁有職場力，才能和他人競爭。

我的公司是一間擁有三十名左右員工的小公司。我今年四十幾歲，在公司是中間偏上的年齡。公司員工的年齡層很廣，而且從公司一成立，我就照著本書所說的想法經營。當然，錄用資深員工也有辛苦的地方，但我還是認為這種做法比只錄用年輕人，更能創造強大的組織和友善的職場。

這三種公司最好別去上班

對企業而言，招募人才攸關公司存亡，問題非常嚴肅。在篩選過程中的每一個環結，都會顯現公司真正的組織文化和特質。就像平常看似很有男子氣概的人，一碰到嚴酷考驗就會變成懦夫，人在嚴峻的場合，才會露出原形。

組織也一樣，在嚴酷的考驗下，才會明白人的本性。但對大多數的應徵者而言，最想避免的應該是進入有這三種風氣的公司。我為這種公司命名為「HaraMiTa 企業」，這個名稱大家應該都沒聽過，因為這是我新創的名詞。由以下三個名詞的第一個發音組合而成：

一、騷擾、法律意識淡薄（Harassment）體質。
二、自私（Migatte，日文為「身勝手」）體質。
三、場面話（Tatemae，日文為「建前」）體質。

第一個你該避免的公司，就是有**要人乖乖聽話的「騷擾體質」**。這裡所謂的騷擾，是指利用強勢立場，一邊威脅一邊傳遞自己想法的風氣。這種風氣幾乎都可以看到這些情況：

首先，有些公司企圖以「希望應徵者拒絕其他公司的面試機會」為前提，提供內定機會（工作機會），這種公司極有可能具有騷擾體質。關於這一點，企業當然也有企業為難的一面。因為如果不能確定應徵者一定會報到，就無法確定錄取人數，所以會希望應徵者能拒絕其他的公司。大家一定要學會分辨其中的微妙差異。應徵者一旦想委婉拒絕，負責人會態度驟變，用威脅的主張要應徵者改變心意，這就是想透過讓對方不安，迫使對方改變想法的騷擾體質：

「如果你拒絕的話，我們公司以後就不在你們的學校徵才。」

如果這時你同意接受工作，有的公司還會要求你當場打電話拒絕其他的公司，這種公司的氣量狹小，令人無法諒解。

萬一你選擇拒絕，有的公司會不死心的不斷打電話聯絡、用強勢的口吻責備、到你家拜訪等，出現跟蹤狂行為的公司，也同樣具有騷擾體質。這種企業不但不尊重他人有選擇職業的自由，對法律的意識也很淡薄。就業是人生中的大事，必須尊重個人的選擇。若從這層意義來看，這種公司肯定不會尊重人。

接著談論只考慮自家公司利益的「**自私體質**」。這類型的公司，只想著自己的利益，完全沒有想到和對方一起共生（一起創造雙贏）。他們招募人才時，會出現以下的特徵。

首先是對於面試等行程，不讓你有彈性選擇，而是硬性規定。另外，初試時，因為應徵者人數眾多，姑且就不談；但最後一關面試時，不為遠到而來的應徵者提供交通津貼的公司，似乎也有問題。

還有面試次數超過十次、**應試時間異常長的公司，恐怕也有自私體質**。如果企業單純想謹慎評估也就罷了，但若為了公司的利益而故意拖延就有問題。

還有應徵時，某些公司規定應徵者要準備厚厚的報告、或是手寫履歷表。這些公司其實沒有特殊意圖，而是單純覺得這麼做比較好；還有為了不讓應徵者參加其他公司的徵才，在特別的日子（各公司開始徵才的那一天）把應徵者長時間留下的企業，就更不值得一提。

這對想進入該企業的應徵者而言，並不構成問題，但若公司的心態是「應徵者不待在這裡，就無法取得工作機會」，就表示這家公司沒有顧慮應徵者的體力、有可能中途被淘汰的心情。用謊言誤導學生、用演技贊同學生的公司，只有「不管用騙的、用演的都好，只要能讓應徵者進公司就可以」的想法，也具有不會替他人著想的體質。

第三個是「**場面話體質**」。所謂場面話，是指只重視表面的正當理由，只要形式完整，就算內容空洞，也會說「這樣就可以了」、「只要不敗露就行了」的公司風氣。事實上，只用學歷篩選，卻公開招募，就有「場面話體質」。要看穿這種體質雖然不容易，但如果最後錄用的員工，極端偏向某學校的畢業生，就可以合理懷疑。

主考官、招聘負責人會對應徵者說：「今天在這裡所說的話，希望你不要告訴任何人。」企圖封口的公司，也有這樣的體質。說這些話的人，也知道自己說了不該說的話，但還是認為只要事情不浮出檯面就沒事。

還有看似召開一般的「為就業活動加油的研討會」、「業界研討會」，可是大部分時間在宣傳自家企業的公司也有問題；在研討會中宣傳徵才活動本身並沒有什麼問題，但若喧賓奪主就需要多留意。另外，還有這樣的公司：明明是招募人才，卻把「面試」稱為「面談」、把招募說成「學長姐拜訪學弟妹」、把公司說明當成「聯誼會」。也就是說，為了維持表面的原則，這樣的公司會**用微妙的措詞掩飾**。

可能是因為我個人太理想化，以上的內容都帶點譴責的語氣。或許不能把責任都推給企業，尤其日本公司本來都具有場面話體質，但如果有公司有勇氣在多重的壓力下，捨棄場面話體質而言行一致，我會給他們最高的評價。

參加各種徵才活動時，大家可以透過以上我說明的例子，辨別應試公司的作風。對學生來說，即使當初自己非常嚮往某家公司，但在應徵的過程中，如果覺得和所想的不太一樣，就該停下腳步讓自己冷靜下來，思考這家公司是否就是我所說的「HaraMiTa 企業」。而企業也應該要有自知之明，了解應徵者會用這種眼光看自己。

（按：日本的就業活動只錄取應居畢業生，是以剛從大學、研究所、專科學校畢業，並首次進入職場的人為對象進行的徵才活動。內定者也就是通過甄選、錄取的人，可以在三月畢業後進入公司。多家企業會以相同的日程進行就業活動。甄選時，除了數學、英文、國語、作文等科目的筆試外，還會進行至少三次的面試。）

年輕人不想隨便承擔重任

想招募到優秀人才真的非常困難，在日本，一名應屆畢業生平均有兩個工作機會。如果想從事服務業，工作機會多達十個。因此，企業無不卯足全力，打造讓年輕人覺得有魅力的職場，希望能藉此吸引年輕人。而且還異口同聲表示，公司是可以讓年輕人活躍的職場。

但這似乎無法吸引年輕人。根據調查，有四成的企業以「讓年輕人可以活躍的職場」為主要訴求，但重視這點的學生卻不到一成。為什為企業和學生之間的思維，有這麼大的落差？

讓年輕人可以活躍的訴求看似不錯，但為什麼不受年輕人青睞？以我個人的感覺來說，可以早點出人頭地擔任負責人、做自己想做的事，這樣的職場並沒什麼不好，甚至可以說是很棒的職場。我當初以應屆畢業生身分進入瑞可利時，就是這種氛圍。

然而，每個人有自己的工作步調，有很多人其實希望慢慢成長。在百歲人瑞已不稀奇的現在，像瑞可利公司那樣，希望人人都「倉促活著」的公司已是少數。這點和現在年輕人的感覺有天壤之別。

現在的年輕人想要的，似乎不是從年輕開始活躍，而是透過有趣的工作成長、自己做的事能獲得肯定、職稱和報酬能和工作內容相稱。也就是說，能否從年輕時開始大展身手無關緊要，只要在適當的時間能一顯身手就可以了。

因此就會出現企業拚命宣傳「年輕人可以活躍的職場」，認為這對年輕人而言是好事，但年輕人冷眼以對的現象。公司應該對年輕人宣傳的，不是「我們想要你們的青春」，而是「我們是一家只要努力就可以得到回報，公平又誠實的公司」。兩者之間的差別很微妙，我認為這種微妙的差異才能吸引年輕人。

如果不斟酌分配工作量，員工會失去工作熱情。其實「活躍」的背後，還隱含**承擔沉重責任**的意思。沒有責任的地方，就沒有重要的工作。不需要扛責任的人，就只能做對大多數人沒有影響力，而且是人人都能做的工作。

公司希望有前途的年輕人，展現積極負責任的勇氣。但公司讓在第一線的年輕人，承擔本來經營者、管理階層應該承擔的責任，例如裁員、處理客訴、向客戶道歉、為麻煩善後等，導致年輕人對於這一點也很敏感。

從年輕人的角度來看，對於自己很快可以大顯身手，內心當然有一定的喜悅。但反過來說，身邊沒有資深員工帶頭示範，或許會覺得自己無法成長。而且讓進公司沒幾年的新人獨當一面，其他資深的員工又該怎麼辦？

年輕階段最該做的是培養必備的能力，而不是只在小公司中勝出就喜出望外。有可以當成目標的資深員工、值得尊敬的主管，才能向他們學習並激勵自己必須更努力。如果進公司沒多久就爬到頂端，自己的成長也就到此為止。

新人不願接受完整教育

年輕時就進入可隨心所欲的職場，日子雖然很好過，但其實少了「定型」階段。一個人要擁有自己特色的「型」，必須經過幾個學習階段，「**守破離**」

可以說明這個過程。有人說這三個字是出自茶聖千利休之口，也有人說是劇作家世阿彌所說。不管是誰說的，在日本，這三個字是用來詮釋茶道和武道等理想師徒關係，最經典、也是最具代表性的詞。

第一個階段，要遵照師父的話行動。也就是說，修行要從遵「守」教導開始，讓自己先定出一個型；第二個階段，讓這個型和自己對比，再重新打造一個更適合自己、更優秀的型，打「破」既有的藩籬；第三個階段，也就是最後一個階段，徹底弄清楚師父的型和自己所創的型，然後擺脫型的束縛，「離」開型自成一格。

總而言之，一開始必須從遵守教導學起。在工作上，想發揮自己的原創力、提升自己的自律力，最初如果從遵守某人的「型」（老方法、老技藝）學起，之後就能一帆風順。

員工在還是新人的階段，當然沒有能力從資深員工、主管工作的情形，判斷什麼是工作的本質，所以只能模仿、依樣畫葫蘆。**新人自認為不需要的動作，事實上很多都是工作上必須做到的核心**。因此，職場上的新人先讓自己被定型，絕對不是壞事。**一開始進入職場，就用自己的方式工作的新人，在任何領域都**

會四處碰壁、無法成長。

年紀輕輕就能大顯身手的人，通常做的都是簡單、馬上可以學會的工作。以我的公司來說，我會告訴應屆畢業生：「因為人資工作不是那麼簡單就可以駕輕就熟，所以一開始你們得在基層奮鬥一段時間。」學生聽了，或許會覺得自己生錯時代，認為眼前的我是壞主管、是邪惡的經營者。但這是事實，我也莫可奈何。

但正是如此，我才覺得人資工作很有趣。如果是只花幾年就能征服的工作，或許會因為過於簡單而讓人感到厭煩；或者太過簡單的工作沒有深度，讓人煩惱自己無法成長。就如同人在鍛鍊肌耐力時，會適當的增加超過自己能負荷的重量，人必須努力挑戰工作的極限，才可以讓自己持續成長茁壯。

拒絕鄙視老員工的公司

一聽到「年輕人可以活躍的職場」，不免會聯想到：「如果不年輕了怎麼辦？」讓人馬上想到「用完即丟」一詞。趁員工年輕有體力時，讓能力發揮到最大（而且勞力廉價），體力衰退時就說再見。不是裁員、就是將員工放逐到邊疆地帶，做一些絲毫不重要的無聊業務。

年輕人和資深員工大顯身手的方式不一樣。例如，我認為讓年輕人在最前線作戰，讓資深員工在後方支援、擬定各種策略的系統最適合。但企業如果不把這點說清楚，年輕人就只會想到「用完即丟」。換句話說，公司招募人才時，如果只以「年輕人可以活躍的職場」為訴求，會讓人覺得企業只求自己方便、只為自己著想。從這個角度來看，企業似乎得重新評估徵才文案。

企業要有熱情說謊的覺悟

最近，越來越多招聘負責人不對應徵者說明工作內容與願景。因為對應徵者多說幾句，馬上就會被認為是騷擾行為，所以決定錄用對方後，負責人只會淡淡的說一句：「請盡情參加就業活動，很高興你能選擇我們公司。」然後，就不再過問新人狀況。

這麼做表面上看起來是尊重他人。事實上，反而要注意該公司的職場是否真的友善。我的理由如下。

招聘負責人不想多說的理由之一，是因為這個人並不相信自己的公司有未來。如果光明正大的暢談連自己都不相信的未來，就是在說謊，所以任誰都不會想積極這麼做。

假設真心相信公司未來一片璀璨，應會對應徵者滔滔不絕談公司的理想，熱情的勸說應徵者進入。換句話說，招聘負責人不談夢想、不說明，有時並不是尊重對方，而是逃避責任、不想說謊。

連招聘負責人都不相信公司有未來，那該公司的職場會是什麼樣子？或許這家公司就是一個只要現在好、自己好就可以的集團。如果真是如此，就算職場是全體員工的公共財，他們也不會關心職場的工作氣氛。

另外，招聘人員最常說的一句話，就是「讓應徵者自己選擇」。會說這句話的人，有此覺悟是件好事。確實到最後，由應徵者自己主動選擇公司，是非常重要的過程。

但應徵者在做決定之前，招聘負責人必須給予各種資訊。對大多數的人而言，最重要的資訊不是公司有沒有成長力、工作有不有趣，而是「自己能獲得

多少的評價、自己是否受期待」。

只想在需要自己的公司工作

招聘負責人沒勸說應徵者，應徵者會覺得公司對自己的期待不高。人通常不會把自己交託給對自己沒什麼期待的公司，常言道「士為知己者死」，人想回應別人對自己的期待，是一種很自然的心情。

除了這點之外，當然還有其他的注意事項。我認為現在招募人才如此困難是整個大環境的問題，但仍有不少公司，以「我們公司是你的第幾志願」作為評價重點。對應徵者而言，最後決定要不要進這家公司，這一點的確很重要。但企業如果因為應徵者沒說「無論如何我都想進貴公司，因為……」就把這個人淘汰，只會凸顯示該公司的徵才能力低於一般水準。

企業只理會衝著自家公司招牌而來的應徵者，將會錯失優秀人才。此外，除了自家公司，一定有其他有魅力的公司向人才招手。和其他公司相比，自家公司在應徵者心中的排名，可能相對較低。因此，以志願排名為評價基準，把

「將自家公司志願排名較後面」的人淘汰，就有可能錯過優秀的人才。

在現在這個時代，志願排名不是評價的基準，而是招聘負責人應該努力克服的障礙。也就是說，不要因為應徵者把自家公司的排名排在後面就淘汰他，而是**只要應徵者是優秀的人才，就要設法提升自家公司在他心中的排名**，才是最正確的做法。只要這麼做，就可以為職場增加人才，讓大家的工作更輕鬆。因此，**招募人才時，還是必須勸說應徵者**。

重視應徵者志願排名的公司，大都是自尊心強、比較自傲的公司。有些企業可能還自不量力的認為：「像我們這麼好的公司，每個應徵者一定都想進來。」簡單來說，徵才的公司會有「既然他們這麼想在這裡工作，就讓他們加入」的想法。

但這樣的公司真的會珍惜員工嗎？「不喜歡的話就離開，反正後面有一堆人可以取代你。」是這種公司很常說的一句話。員工只要對公司方針有意見，就會被看成違抗命令，被當作背叛者。久而久之，就沒有人再提出新創意。

從這個觀點思考，進入公司前是否有「勸說」的過程，深深影響進入公司之後的狀況。經過「三顧茅廬之禮」加入公司的員工，會認為自己有一定的重要度，並認為自己要對組織信守承諾。

我的意思不是招聘負責人要寵愛內定者，而是要告訴內定者：公司期待你的表現、公司對你有殷切的期望。有時，公司的夢想無法實現，招聘負責人或許會被當成騙子、被當成惡人，但還是要勸說應徵者。為了讓應徵者進入公司後能生氣勃勃的工作，甄選時，招聘負責人是否經由勸說，讓應徵者認為「公司需要自己」、「在這家公司一定可以成為有用的人」非常重要。

第四章

違背直覺的
人才培育悖論

某個搖滾樂團有一張專輯名稱叫做《不要相信三十歲以上的人》（*DON'T TRUST OVER THIRTY*），我對此也稍有同感（我已經四十幾歲了）。在有關人資方面的文章裡，我還看過這些句子：

「超過三十歲的人不會再變。」、「最好不要相信人會永遠成長。」這些話聽起來很悲哀，但事實就是如此。然而在人資的領域裡，不論是培育人才，還是安排職務，都以「人是會改變的」、「希望人會這樣改變」的假設為前提。如果直言「人不會變」，馬上就會被當成惡人。

你很難改變一個人，改他不如安排他

我在提供人資諮詢服務時，遇過各式各樣的組織問題，包括中階主管、基層主管人員不足，年輕人無法成長。都是很多組織的共同課題。

為了讓部門主管學習必備的能力和技能，不少組織都會舉辦主管領導課程。當然，有行動總比什麼都不做好。這些課程對提升部門主管的能力而言，都是一種契機。

但如果人根本不會改變，舉行主管的教育訓練到底有沒有成效？能當上部門主管、高階主管的人，大都超過三十歲。若以年齡區分事物，我想喜歡大詩人塞繆爾・厄爾曼（Samuel Ullman）的人一定會很生氣。他曾說過：「青春不是人生的一段時光，而是一種心境。」（Youth is not a time of life; it is a state of mind.）所以我也不會篤定的說「三十歲以上的人絕對不會變」。

不過，老化確實會影響人的腦力和身體各種機能，所以人越來越難改變，是不爭的事實。因此，透過教育訓練讓個人「變身」，效果絕對不如預期。但我這麼說，並非沒有希望的意思。超過一定年齡的人，千萬不要對「很難改變」感到絕望。而且話說回來，人為什麼一定要強迫自己，改變長時間養成的性格和能力？

我的意思是，人要適性發展。也就是說，遇到「很難改變的人」，**不是去改變他，而是先了解他的特色、長處，再將他安排到適合的位置工作**，才能得到立竿見影的成效。

我的老東家瑞可利常說「了解通往愛」。意思是，「人要先了解對方，才會喜歡對方」。以前基於心理學家卡爾・榮格（Carl Jung）的心理類型

（Psychologische Typen），發展出稱為「ＴＩ型」（按：瑞可利於一九六五年開發）的性格測驗，是瑞可利員工的共通語言。所以員工彼此常會互相調侃「那個小子是○○型的，所以才會有這個反應」。

這就像血型占卜。即使有人說血型占卜沒有科學根據，很多人還是對其興致勃勃。人對各種性格的分類也會感興趣。當一個人不了解對方的性格時，會因懷疑而產生誤解。但如果了解對方的性格，就會因一句「算了，這小子就是這種人」而作罷。

提到替員工分配適當的工作，大多數人只想到能力必須和工作相當。事實上，還必須加上「性格」考量。性格雖然比能力難以視覺化，但根據研究結果顯示，**依照性格組成的團隊，比以能力、技術組成的團隊表現得更好**。換句話說，**如果把「個性相投」的人編在同一團隊，就可以提升工作績效**。

當然，在現實中，我們不能只依照性格安排工作。因為個人的能力、技術、家庭等，都足以左右人員的部署。然而，即使個人的性格難改變，只要了解是否與他人個性相投，還是可以據此改變人員安排或人際關係。以個人為對象訓練員工固然不錯，但事實上，只要為部門主管安排和自己好相處、個性相投的成員在同一個團隊就可以了。

這對團隊成員而言也是一件好事。在個性相投的部門主管下接受指導，一定可以事半功倍，並迅速建立良好的關係。因為個人不需要做任何改變，一切都順其自然是最好的。如果讓希望主管能詳細教導的員工，跟隨想從頭教到尾的部門主管，大部分的問題都可以解決；相反的，如果跟隨採用放任主義的部門主管，工作就不會順利。

話雖如此，但就算大家都明白這個道理，還是很難明白什麼是「個性相投」，因為性格既看不到也摸不到。因此，建議企業導入像是適性測驗等，可以觀察性格的視覺化工具。每個月做一次適性測驗，就能「看到」員工的性格、個性是否相投。

經營者看人的眼光、人資的專業技能都是有限的。所以，只要導入經過統計學驗證的視覺化工具，再研究什麼樣性格的人之間可以建立良好關係，就能了解哪些員工適合一起共事。只要這麼做，就可以透過科學的方法，重新檢視以往的人力部署狀況。

中基層主管不足，是培育出問題

我因提供人力資源諮詢服務，知道很多公司都面臨主管不足的問題，「我們公司沒有適任的部門主管。」、「大家只想當一般的職員，真是傷腦筋。」會有這個現象的其中一個原因，我想應該是時代的趨勢。也就是說，在交流工具這麼發達的現代，只從事管理工作的主管，或只負責傳達訊息的主管，幾乎不再有存在的價值。既然沒有這樣的主管職位，不如就當一般的職員。因此，希望當一般職員的人就越來越多。而且，這似乎已經變成一種潮流。

如果員工只是有能力做而不想當主管，事情還沒那麼嚴重。但我聽到的情況是，與其說員工不想做，不如說根本沒能力做到。姑且不論是否真的需要中階主管，如果「沒有人可以勝任部門主管一職」是全國性的問題，我認為精神層面的成長性就有問題。

人隨著年齡成長，到了一定的年齡，應該會想當部門主管、想培育下一代，努力讓自己能勝任這個工作。這就是中年期的發展任務（developmental task）。（當然，不能因某個員工不想當主管就否定他。所謂的下一代，也不是單指公司的成員，家人、晚輩等也在其中。）

心理學家愛利克・艾瑞克森（Erik Erikson）提倡的生命週期理論中，就提到「Generativity」（繁衍傳承）這個名詞。意思是「生兒育女」（生殖），也就是積極參與創造下一代價值的行為。這是名詞是由「generation」（世代）和「generate」（生殖）創造的新詞。這是三十五歲中年階段的大人應該跨越的課題，而擔任主管和「繁衍」有極為密切的關係。

因為這個年紀，正好和許多在企業中擔任部門主管、中階主管的人年紀一致。如同艾瑞克森描述，如果這個年齡層的人都順利交付下一代，想從事「培育下一代」工作的人就會增加。這麼一來，就不會有部門主管不足等問題。

如果讀者中有年近中年的人，請回想自己還是新人的時代。或許你們並沒有什麼很真切的感受，這是因為當時的主管，已經為你們整頓好工作的環境，所以當新人時可以很輕鬆，在嘗試與失敗中發揮自己的實力。是他們成就今天的各位。

因此，當大家到某一個年齡時，必須跳脫「享受」，進行「薪火相傳」，**把自己在完善環境下輕鬆工作的好處，回饋給下一代**。但如果不認為自己曾受人恩澤，或許就不會有這樣的胸懷。請大家好好回想，自己年輕時，曾得到多少周圍的幫忙。

不過，這畢竟只是單純從報恩的觀點探討。所以我沒有說中年階段的人，「應該」要培育下一代。我想說的是，對邁入中年的各位而言，培育下一代是非常重要的工作，對自己也有好處。我這麼說或許讓人感到悲傷，但人生的高峰隨時都會結束。只靠績效讓自己產生工作熱情的人，絕望必定會在某個地方等待。

然而，只要承諾培育下一代，心境就會改變。培育公司的員工，讓他們像自己一樣活躍，就是繁衍傳承。只要創造這種狀態，縱使自己日益衰退，還是可以透過年輕人的活躍感受工作的喜悅，讓自己永遠保持高度的工作熱情。

能力不是用教的，而是用偷的

社會人士有許多進修方法，專門從事教育訓練的公司也提供了各種課程。因此，原本以ＯＪＴ訓練（On the Job Training，在工作現場，主管對部屬進行教育培訓）為主體的日本企業，現在也會視需求，進行 Off-JT 訓練（Off the Job Training，在職場之外的地方，進行進修或開討論會之類的訓練）。

然而，企業還是得透過工作培育人才。比較貼切的說法，或許是用工作本身來學習。被分配到什麼樣的工作、從工作學到什麼樣的經驗，就是一個人是否可以成長的關鍵。

想讓工作成為學習場所，其中有一個重要的因素，就是從工作本身得到的經驗和知識中「重新定義」（Reframing）。重新定義的意思是指，只要認真工作，每天一定會收到各式各樣的資訊。所以員工要定義一個新的框架整理這些資訊，再從新組合出來的資訊，進行更深入的解讀。

以相同的業務量進行相同的工作，有人會成長、有人不會成長。兩者之間的不同，在於是否能重新定義進入腦中的各種資訊、是否能真正的學習。也就是說，是否除了單純記憶外，還能把依靠單純記憶獲得的原始經驗，換成運用在其他方面的原則、原理。例如，「碰到這種狀況，就可以（參考過去的經驗）這麼做」等。

另外，如果能透過工作經驗，得到正確的答案是最好的，但通常不會這麼順利。若學到定義怪異的錯誤原理，好不容易學到的經驗，也會跟著糟蹋。

「過度引申」（over generalization）是最常見的認知謬誤。就是把區區幾件事或偶爾出現的共通點誤解為原則。如果是經驗不足的員工，就不了解自己的經驗到底是常見的，還是單純的偶然。所以，就會向主管或資深員工請教工作的經驗。

一般來說，這個時候會循循善誘給予指導的人，就會被說成是大善人般的好主管。這是理所當然的，詢問的人也會十分感謝；但如果正好相反，只說「只要這麼做不就好了？」、「以後好好看我是怎麼做的。」的惜字如金型（態度大都很粗魯）的主管，就會被懷疑不肯教人，沒有當部門主管的資格，並被稱為大惡人。

然而，我認為後者也有好的地方。因為主管教的東西，有極高的比例是錯的。我的意思並不是主管故意說謊。事實上，主管通常不會發現他們教的內容有誤，會做事又會教的主管真的不多。就部屬而言，如果學的東西是錯的，不管再怎麼努力，當然還是做不出成果。

為什麼會發生這種事？因為專業「是自然學會的」。例如，日本人都會說日文，但能說明日文文法的只有少數人。雖然有些人可以清楚解釋，但其中仍有陷阱。因為此時此刻的「清楚解釋」，大多數只是說明者單純的「自以為是」，而不是真正的了解。

那麼，部屬到底該怎麼做？首先，**先接受主管的建議、忠告，但要暫時擱在一旁。然後，瞄準心中的目標榜樣，仔細觀察他們在每天的工作當中，實際做了些什麼**。

務必一定要用心從早上觀察到晚上。例如，運用時間的方法、操作電腦或寫行事曆等工具的方法、溝通或收集資訊的方法等。如果不知道其中什麼是工作的訣竅、什麼只是個人的工作習慣時，就姑且「**完全模仿**」，這麼做可以在工作上迅速獲得成效。

有人會模仿同事在私底下的生活方式和服裝打扮，我覺得這很有趣。因為在模仿的過程中，應該就會發現人在很多時候，「說明」和「實際行動」會不一樣。例如，說要「仔細想一想」的人，其實非常重視速度，在極短的時間就下各種判斷；總是強調要「重視品質」的人，事實上重視缺陷美勝於完美。

換句話說，主管或者是資深員工不會教你工作的訣竅。並非因為他們心眼壞，而是「教」是一門大學問。有的人之所以說「工作上的學習要用偷的」，我想就是這個道理。

主管傳達信念，員工卻視為兒戲

要打造一個友善的職場，並非一朝一夕可以做得到。「你到底要我說幾次才會懂？」這是人在生氣時，最常脫口而出的一句話。有位名教育學家真的透過實驗，為這句話找到答案。答案是「五百次」。

一聽到「五百次」，大家一定會想：「真的需要這麼多次嗎？」但在商業領域，讓人「懂」的意思是讓人理解自己的話，並改變行動。因此，假設一天說兩次，連續說一年，五百這個數字就不誇張了。

描繪理想的職場模樣並不難，但光會描繪並不夠，還必須把自己的想法傳達給職場上的每一個人，讓大家產生共鳴，並將共鳴轉化為實際的行動。要做到這一點相當困難，所以打造一個友善的職場並不容易。例如，讓大家明白達標的重要性，或許花費一年的時間都還做不到。如果一個人要說五百次，要說到整個組織都改變，這個數字鐵定是天文數字。

談組織變革的大師約翰・科特（John P. Kotter），在其大作《企業變革力》（*Leading Change*）中提到企業要成功變革，必須有以下八個步驟：

一、提高危機意識。
二、建立團結的團隊。
三、提出願景和策略。
四、讓周圍徹底了解改革的願景。
五、讓員工自動自發。
六、創造短期的成果。
七、運用成果，推動進一步的變革。
八、讓新方法深植企業文化。

換句話說，要改變組織會有這八道障礙。科特還特別強調，一定要一關關克服，謹慎的向前邁進。雖然這個論述，主要是針對大型組織、大型企業，但小型組織、小型企業，也一樣要步步為營。透過傳達讓人明白並轉化成行動，真的如此困難。

因此，在職場擔任部門主管的人，**每天必須想方設法傳達訊息**。開晨會、豎標語、做告示牌、把希望大家知道的事寫在卡片上公布、每天讓全體員工一起喊口號，都是為了這個原因。有些公司還會表揚已經了解的人，甚至透過贈與明確的小物，例如紅色的夾克、紅色的徽章，讓大家明白這是一種榮譽。讓一個人明白要說五百次、整個組織要挑戰八道障礙。為了克服這些難關，部門主管必須通過所有的關卡傳遞訊息。

但才剛進公司的新人，卻會將這些活動視為兒戲。「年紀都一大把了，還玩小學生的把戲。」認為管理階層把部屬當小屁孩耍。但一旦自己當上部門主管，才終於知道必須讓他人行動時，這些活動有多重要。

大家不妨回想一下，戴著好人面具把員工當大人，認為只要講一次就會懂而不嘮叨時，員工根本就不會行動。因為聽懂並不表示就會馬上行動，只聽懂一次也不表示會一直記在心上。畢竟，只有說了一次又一次，才能讓人慢慢的展開行動。

進行組織變革時，也必須改變人事制度。最重要的，是讓員工產生興趣。日本網路公司（CyberAgent）人資負責人曾山哲人（現任董事），也十分強調此事的重要性。其實只要稍微留心一下，就知道這些活動都很幼稚。雖然大家都是大人了，但由於組織就像個「不懂事的孩子」，所以員工也莫可奈何。

因此，如何讓員工有興趣，不覺得公司把他們當小屁孩，就成了是否能成功傳達訊息的關鍵。

為了不讓員工覺得無聊、冷場，不管活動內容多幼稚（別上表揚的徽章、豎標語、在牆壁上的績效表上貼小花等），都要認真去做。不害臊、不扭捏，好事就是好事，就是要慶祝。剛開始時或許有些難為情，但當牆壁上的績效表都貼滿花時，便會讓人不自覺的大聲歡呼，並且由衷的向獲得徽章的部屬或同事說一聲：「太棒了，你做得真好！」

「鼻毛露出來了！」你們是能直言指正的團隊嗎？

大多數的日本人，都覺得直言指正他人是一件很棘手的事。因為日本人原本就常用像是「默契十足」、「心照不宣」、「聞一知十」這類肯定的話，難怪無法坦率說出口。

在職場上，直話直說的人會被認為個性粗線條、不懂得察言觀色，並被當作是惡人。由他們引起的摩擦，更是令人覺得不愉快。但因為這層顧慮，而不指正他人，這可以說是友善的職場嗎？

有很多決定友善的要素。團隊成員之間是否能順利合作，就是其中一個核心要素。因為幾乎所有的工作，都要靠團隊執行。

想提升團隊的向心力，也一樣需要很多的要素。團隊成員的自我認知就是其中一個核心要素。所謂自我認知，就是自己對自己的洞察和了解。對自己不了解的人，就不擅長和團隊相處。

如果不了解自己的強項、弱點，在團隊中會不知道自己的位置、職責。以打棒球為例，就像讓腳程慢的人擔任第一棒打擊者、讓臂力弱的人擔任投手，會打亂整支球隊最適合的角色分配。

換句話說，提升職場每個人的自我認知，有助於打造友善職場。那麼，該怎麼做才能提升自我認知？

在應屆畢業生的就業活動中，有很多人會以自我分析的方式認識自己，他們都說這是「自己在分析自己」。但我認為只靠這個方法，仍難以了解自己，因為人的心中有各種偏見。這些偏見不但影響對他人的認知，更會影響對自己的認知。

就如前述，人在驗證假說或信念時，會有只想收集肯定假說的「確認偏誤」傾向。所以只靠自己的力量，進行客觀的自我認知十分困難。就算試著靠自己的力量做了自我分析，也只是加深「現在自己已存在的樣子」的印象，或是以為自己擁有符合社會期待的性格和能力。

另外，如果矛盾的性格導致認知失調（cognitive dissonance，同一時間有兩種矛盾的想法，造成緊張的不舒服狀態），其中一種性格可能會被當事人無視。具有優越人間力（按：獨立的個人可以在社會中堅強活下去的綜合力）的高僧，或許可以靠自己的力量提升自我認知，但普通人想做到，我認為非常困難。

如果自己做不到，就只能借助他人的力量。也就是前面我提到的，日本人幾乎做不到的「指出錯誤」和「負回饋」（Negative feedback）。自己想壓抑不想看到的自己，就會把自己封閉起來，但這會妨礙自我認知。要避免這種狀況發生，就要靠別人的力量讓自己了解自己。

想讓別人明確、直接提出不想看到的自己，必須先做好心理準備，打從心裡不抗拒才能坦然接受。本人接受的同時一定會很難過，卻能提升自我認知，讓自己成長。

我已經提過無數次，要接受別人的指正，是一件很痛苦的事。充滿許多指正的職場，或許看起來是不友善的職場。如果是說話方式粗暴、態度惡劣的職權騷擾當然另當別論。但措辭適中、態度有愛的指正，就可以改善他人。

若公司成員一直不願意接受「負回饋」，將會如何？大家只要想像一下職場中看似了不起的人物，應該就知道了。大家的周圍應該有這種雖然了不起，卻會帶來困擾的人物。因為大家都怕他們，所以幾乎沒人敢提出負回饋。日本作家北尾TORO有本書叫做《你敢對別人說你的鼻毛露出來了嗎？》（幻冬舍文庫），假設有人鼻毛露出來了，如果沒有人敢直接說出來，那個人的鼻毛就會一直掛在那。

我寧願一時丟臉，也不要一輩子丟臉。反過來說，處在能互相良性指正的職場，員工能逐漸提升自我認知，並透過自我改善，讓職場變成集合優質人才的地方。最後，這樣的職場一定就會是友善的職場。也就是說，**如果有越來越多的人願意當惡人、說別人不喜歡聽的話，就可以營造良性指正的工作氛圍，**讓大家工作的地方，變成美好的職場。

主管要先注意員工生理而非心理狀態

根據調查，日本人每四個人當中，就有一個人有脂肪肝。我之前做健康檢查時，發現我也列入其中，所以現在正努力減重。肝不好，毒素就不容易分解，全身就會覺得倦怠。我最近也覺得自己有點氣虛。

人一疲倦，做什麼都不帶勁。一不帶勁就會焦躁，一焦躁就無法體恤他人。我一想到自己會變得討人厭，就覺得很恐怖。如果這種狀況擴大到整個組織，後果將不堪設想。

因此，最近「健康經營」（按：重視員工健康，以健康管理為經營課題，希望透過維持員工的健康，提升生產力的經營手法）成為熱門的話題。「健康經營」除了和員工福利有關，也會影響職場的氛圍和事業的成敗，所以大家才會如此重視。

一般人認為，心理問題來自於心理的因素。以前我在某公司擔任健保部門的主管時，曾調查過員工精神失調的主要原因。那時，我的想法也和一般人一樣，認為員工精神失調的第一個原因，應該是和工作或家庭的煩惱有關。

然而，真正和精神失調最有關聯的，竟然是「工時過長」。精神上的煩惱的確會引起不安、抑鬱等精神失調。但在這之前，因長時間勞動造成身體上的疲勞，其實才是最大的主因。所以，「**心理問題是來自於生理的問題**」，這才是正確的。

「不是先難過才哭泣，而是先哭泣才難過。」（人會難過，是因為先有哭泣的反應，才引起難過的情緒），最近我對這句話相當有感。生理（身體）的疲勞是原因，焦躁的心理（精神）症狀是結果。這才是兩者之間的因果關係。

公司的經營者和人資部門，分析組織問題、研擬相關對策時，常常會跳過員工身體的問題。今後，我希望大家不要遺漏這一點。這真的值得大家留意。

例如，用健康檢查結果的資料分析組織的人資部門少之又少。新陳代謝症候群發生率、吸菸率、可依勞動時間調整的睡眠時間，或許都和一個組織的績效表現息息相關。但事實上，幾乎沒有一個組織會做這方面的分析。所以，這方面可以說就像個黑盒子，「健康經營」才剛起步。

不過，一味天真的要求企業進行「健康經營」，並以追求員工的健康為目的，也可能會本末倒置。如果做得太超過，刻意標榜「不健康的員工就無法出人頭地」，就有可能發生像濫用優生學帶來的種族滅絕慘劇。

我看過不少身體雖然不健康，卻擁有高工作績效的人。他們雖然天天都說身體不適，卻用不屈不撓的精神完成工作。這些人當中，固然有人因為太過賣力而弄壞身體，但他們不健全的肉體上，都有著健全的精神，這是不爭的事實。最經典的例子，是帶著病痛、殘疾，將天分發揮到淋漓盡致的人。例如，作家弗里德里希・尼采（Friedrich Nietzsche）、畫家文森・梵谷（Vincent van Gogh）等人。

認為「不健康」等於「精神有缺陷」，可以說就是「過度引申」。健康是創造幸福的目的，不是手段。所以我舉雙手贊同企業老闆、人資部門，努力做好「健康經營」。不過，我希望不要因為做過頭，而發生排擠不健康員工的憾事。我身為有點不健康的人，真的由衷希望⋯⋯。

離職者關照老東家

我出社會後進入的第一家公司瑞可利，稱離職者為「畢業生」，讓離職者離開公司後，能和公司繼續保持良好的關係。另外，瑞可利還建立了工作上的互惠文化。

我就是這種文化的受惠者。所以不管是瑞可利的現職員工，還是我在瑞可利公司的學長、學姐，都會幫忙介紹工作或人才，他們都不吝惜伸出援手。就連我自行創業後，他們還是給予多方照顧。所以迄今我仍對瑞可利充滿感激。我真的非常喜歡瑞可利。

相對於瑞可利，有的公司好像稱離職者為「背叛者」、「吊車尾的人」。我想這是鍾愛公司的好人型員工營造出來的氛圍。話說回來，瑞可利為什麼會這麼重視離職者？

瑞可利重視離職員工的態度，在以下這些例子當中就表露無遺。

・現任社長會出席離職員工的聚會。
・公司會提供資金給離職員工辦聚會。
・會積極再雇用離職的員工（我就是其中一位）。

這種重視離職者的風氣，對瑞可利的員工而言非常自然。所以員工不會想到其中有什麼特別的企圖或目的，抑或是公司想從中獲得什麼。

不過，這種風氣並非自然形成。瑞可利創始人是東京大學心理學系畢業，他們稱這種經營管理為「心理學式的經營」，並刻意設計、導入各式各樣的管理手法。我想重視離職者的風氣也是刻意建立的。他們這麼做的目的是什麼？重視離職者，又會為職場帶來什麼樣的影響？

第一，現職員工在離職員工身上，看到自己未來的樣子，會覺得這是一家珍惜自己的公司。在終身雇用制度逐漸成為過去式的現在，現職員工知道在不久的將來，自己也會成為離職者。因為為員工提撥的資金有限，資遣費一次領、再就業輔助金等給離職者的優渥待遇，讓還留在公司的員工心裡很不是滋味。

不過，知道自己有一天也會成為離職者，現職員工想像自己未來也會受到這般禮遇，就比較能接受公司的做法。換句話說，禮遇離職者可以提升現職員工對公司的信任感。

第二，一般來說，畢業生都愛自己的母校。所以該公司藉由稱離職者為畢業生美化大家的想像空間。換句話說，離職者透過這種美麗的想像，維持公司的理想狀態。因為現職員工在現實的工作中，每天面對各種問題與矛盾，很難對公司抱有理想的憧憬，有時甚至會認為「這家公司真糟糕」。

這時，因為受到重視而對母校充滿愛的畢業生，就會激勵他們：「職場確實狀況連連，但這家公司一定沒問題。就算一時出了問題，也一定可以發揮潛力，讓未來一片光明。」因為畢業生通常是照顧過自己的前輩，所以他們的激勵大都能鼓舞現職員工。

第三，畢業生對公司以外的人也有影響力。如果珍惜離職者，離職者就會化身為這家公司的傳道人，向外人宣傳公司的優點。就像父母希望小孩和自己讀同一所學校，也是常有的事。讓孩子進入自己所愛的母校，是一種喜悅。

這種情愫也適用於公司。例如，見到自己認為不錯的年輕人，就會建議他去自己的「母校」工作。我在瑞可利負責招募人才時，會問應徵者應徵的原因。

「是一位從貴公司離職的學長說，貴公司是一家不錯的公司，所以建議我來面試。」這樣的回答，我聽過無數次。

最後一點，就是對於公司的業務也有好處。吃過同鍋飯的現職員工和離職者，因為擁有相同的價值觀，很容易建立起彼此之間的信任關係。不論是對方的想法、工作態度，用最低的溝通成本就能彼此了解。但如果彼此的關係從陌生人開始，很多事會被綁手綁腳。例如，簽約時，每一條文都要逐一審度；投資時，必須戰戰兢兢、如履薄冰。但如果對方是畢業生，說得比較極端一點，即使沒有正式契約，畢業生也會在各方面給予協助。

這種存在感很難從零開始，公司重視與畢業生之間的團隊合作，讓該企業隨時可以輕鬆取得各種業務資源。總之，珍惜離職員工，不論對現職員工或對職場，都有說不完的好處。我認為就算和離職者當朋友，會被愛公司的員工視為背叛者、惡人，還是要繼續和離職者來往。因為對每位員工、整個企業而言，這絕對是上上之策。

第五章

如何處理職場的人際關係？

對組織而言，謠言具有危險的殺傷力。非正式的訊息大都是負面的謠言，例如，公司有經營危機、某員工遭到誹謗中傷、某人心懷不軌等（如果不是負面的，可以在公開場合問清楚）。大部分的謠言會讓團體中的成員感到不安。而疑心生暗鬼，不安會讓人認為公司內部有權謀、惡意。這對有心整合組織的經營者、管理者來說，就是一種阻礙。謠言會讓組織產生裂痕。

不要在意謠言，用謠言辨別人心

那麼，當你感覺有討厭的謠言，正在職場中蔓延時，該怎麼辦？一般人認為謠言沒有根據，所以只要理直氣壯的在公開場合說：「這些話沒有事實根據。」就可以了。確實如此。若這時還可以提出否定謠言的事實，效果會更好。

但如同「惡魔的證明」（按：法律要求的、卻無法完成的證明），要主張不存在的事實非常困難。如果是存在的事實，有任何蛛絲馬跡，就可以提出證明；但若是不存在的事實，得針對所有對象展開全面的調查，才能證明。

沒有事實根據的謠言之所以會傳開，只有一個原因：有人「想相信」。因為想像公司、某個員工表面做一套，私底下做一套的惡劣狀態，可以滿足某些人的心理需求。這些人在痛快之餘，就會開始散播謠言。

例如，認為績效考核不公平的人，因對公司的經營能力抱持懷疑的態度，就會希望自己的績效成績是錯的。因此，會想相信「績效成績優異的人，都是用取悅主管的方式換取」的謠言。人只看自己想相信的東西。所以，就算反駁這種「已經有結論」的謠言，也只是白費力氣。

想當好人的人，一定會想方設法消滅謠言，但我的建議是，**如果謠言不會馬上和現實問題（員工離職、客戶不信任、合約終止等）扯上關係，就先不理會**。如果有人因此說你是惡人，就讓他們說。因為謠言沒有事實的根據，所以等到謠言說明不清楚、矛盾的部分逐漸浮現時，大家會發現那些事不合邏輯。

隨著時間流逝，如果真的只是謠言，也就是應該發生的事（公司倒閉、裁員、特定人物被降職等）並沒有發生時，大家就知道謠言並非事實。謠言止於智者，到最後，騙人的謠言一定會煙消雲散。常言道「謠言只不過是一陣風」，所以很快就被人遺忘。

我之所以認為謠言先擱在一旁比較好，還有另一個原因。有謠言傳出時，有人會趨之若鶩、有人不會。這時正好可以藉此辨別，誰對團隊、企業忠心。如果某位員工相信團隊，聽到負面的謠言時，就會這麼說：「不會的，應該不會有這種事。其中一定有什麼誤會。」然後一笑置之。

如果有人迫不及待率先相信謠言，並向周圍的人宣傳的話，就表示這個人平日就對組織或職場，一定有所不滿或充滿怨恨。

因為人有一種「以牙還牙」（報復）的可悲天性，如果在職場放任心中有恨的員工做事，絕對不是一件好事。相反的，如果設法讓他相信謠言是假的，或設法讓他一吐心中的怨氣，就能省去許多無謂的麻煩。

基於以上的理由，我認為荒謬的謠言，還是先不理會比較好。不過，這種做法只針對單一、個別的謠言。如果謠言持續擴大，進而影響到整個組織，就要視為問題謹慎處理。

職場上，有員工心生懷疑，或許是因為溝通不夠、資訊不足；有員工憎恨組織，或許是因為績效考核制度不公平；有輕易相信謠言的員工，或許是徵人制度有問題。

如果整個公司都瀰漫著一股喜歡謠言的風氣，**該做的不是挺身擊破每個謠**

言，而是趁機好好思考，組織的管理上是否出了什麼問題。

和討厭的人好好相處

「人不是想離職，而是想離開討厭的主管。」從這句話就可以知道，部屬有多麼重視和主管之間的人際關係。根據人力資源公司做的問卷調查，和主管或同事合不來，是換工作最大的原因之一。

日本人向來重視「和誰共事」勝過「做什麼工作」，所以有這種結果並不足為奇。但上班族無法選擇主管和同事，當你覺得和職場中的成員不合時，該怎麼辦？應該不是只有離職這一條路。大部分的人在討厭他人的同時，對方或許也會討厭自己，甚至把自己當惡人。所以上班族一定要克服這個問題。

一、**「合不來的人，有可能和你同質性」**：某公司做完工作壓力量表檢測後，分析工作抗壓性低的員工時，發現這些人的性格和能力並沒有明顯特徵，但他們幾乎都會回答「和人合不來」。工作抗壓性低的人和主管之間合不合，會影響職場在他們心目中的友善程度。當你感覺和這種人不投緣時，首先要確認是不是真的合不來。

大家通常都認為人不喜歡和異質性的人相處。其實，在判定喜不喜歡異質性的人之前，還有一個「不甚了解的灰色帶」。人在這個灰色地帶，對於異質性的人，其實並沒有那麼強烈的厭惡感。

反而是對同質性的人，因為太過了解，比較容易有強烈的厭惡感。假設，自己身上有不想看到的特徵時，大部分的人都會盡可能壓抑，甚至會為了不想看到而刻意忘掉。但偏偏他人身上就有這個特徵。於是，當你面對這些人時，心中會燃起一股無名怒火。因此，你覺得和自己格格不入的人，有極高的比例是和自己相像、類似的人。

二、**如果是異質性的人，就為他彌補缺陷**：假設，如前面所說，因為對方有自己最不想看到的某特徵，而厭惡對方時，極有可能其實是自己在氣自己。但人本來就會對和自己類似的人有好感（相似效應）。所以，不論如何討厭一個人，也要先好好自我反省。如果確認這個人是和自己同質性的人，或許你們還會惺惺相惜。

「不會有這種事的，我和那個人一點都不像。我們的個性、價值觀完全不一樣。」如果是這樣的話，該怎麼辦？還有一個解決的方法。就是設法填補你和這位異質者之間的隔閡。假設異質者是個性外放的人，對什麼都感興趣，還會把新鮮玩意帶入職場。但這種個性的人，通常容易對事物失去新鮮感。因此，看在你的眼裡，就會覺得這個人真討厭：「又帶什麼新玩意來了，八成又是三分鐘熱度。」

但評估過這個人掌握資訊的能力後，只要能協助他彌補「無法撐到最後」的缺陷，這個人就會投靠你，認為你是一個可信賴的人。因此，就算對方的個性和自己不一樣，也不要只是一味厭惡。只要換個角度思考，了解個性雖然不同，仍能和對方維持良好關係，你的態度應該就會改變。總之，好好思考自己是否有可以彌補對方缺陷的地方，如果有，就積極運用，並藉此改善自己和對方的緣分。

三、**將對方的缺點視覺化**：就如以上說明，緣分這種東西真的很複雜，並不是同質就投緣，異質就不投緣這麼簡單。現在，請再一次好好思考「你真的和對方不合嗎？」如果未做任何努力就逕自認定自己和對方不合，就會陷入各種心理偏見的陷阱。

例如，「格蘭效應」（Golem effect）。如果對對方的印象不好，再帶著不好的印象和對方接觸，不好的印象就會否定好的印象，讓不好的印象更具影響力，最後對方也就變成了真正的惡人。另外，因為人有以牙還牙的劣根性，所以如果自己討厭對方，對方敏感察覺到後也會討厭自己。於是，兩人之間的誤解又會產生新的誤會，深陷在誤解的漩渦當中。

如果試過前面兩個方法還是合不來，最後的手段就是「視覺化」。人很難掌控沒有自覺的東西，透過視覺化可以讓人產生自覺。這不是容易的事，不過還是要拿出勇氣，和對方說明以下的內容。只要盡力說明，對方應該會明白：

「我和你在這一點，表現出來的性格不同。你或許是因為這一點討厭我。反過來說，我或許也是因為這點討厭你。如果我們能克服性格上的不一致，我真的很願意和你一起工作。」

成熟、穩重的人，之所以能和價值觀不同的人共事，是因為他們認為如果是工作，理所當然應該這麼做。既然都有勇氣提離職了，何不大膽姑且一試？反正都要離職了，這麼做也不吃虧。如果你已經是對方眼中的惡人，言辭犀利也無妨，**直接打開天窗說亮話**，盡力填補兩人間合不來的鴻溝。這種做法應該比裝好人悄悄離職更有建設性。

以上的內容，是我為在職場上和主管、同事不合的人而寫。離職是最後的手段，發生問題就以閃人作為解決之策，會變成一種壞習慣，無形中你就會加入跳槽者的行列。

我並不是否定轉職，但我還是要強烈建議大家，不要為了逃避而換工作。應該先努力設法改善和主管、同事之間的人際關係。

積極了解「個人因素」，當個體諒的主管

近年來，非典型雇用員工越來越多。如約聘員工、派遣員工、計時員工、遠距工作的員工等。這種趨勢本身是好的，但人會讓這種多元化產生摩擦。

用不一樣的雇用條件受聘的工作者，因為在許多方面的想法、行為和一般正職員工不一樣，常會使正職員工萌生嫉妒、鄙視、憤怒、焦躁等負面情緒。當負面情緒過大時，多元化的優點、好處就會消失殆盡。那麼，該怎麼做才能

突破這道障礙？

日本現在的雇用型態、工作方式，不是只有企業方希望能不同於往昔正職員工，似乎有不少的從業人員，也基於個人因素的考量，而希望能改變。如有不孕或育兒等相關問題的人、有自身健康或家人健康問題的人、和配偶或情人之間關係有問題的人、有照顧年邁父母或病人需求的人、身為家中獨子或長子而被父母強留在生長地的人……。

在這些個人私事中，當然也包括**不方便公開、不足為外人道的沉重理由**。因此，表面上看起來，很多人都像是「自己任性」選擇這些雇用的型態。

老實說，這並不合理。說「這是我的私事」，比起「沒辦法，我只能這麼做」，更容易受到攻擊、責難。例如，在大家為了處理工作而忙得不可開交的狀況下，計時員工說一聲「我先下班了」就回家的話，現場的人會不滿也莫可奈何。

站在人資部門的立場，如果把「為什麼某些員工只工作幾個小時就回家」的沉重理由**告訴其他員工**，**或許他們會基於同情或共鳴**，讓職場變得更友善。許多有嚴重私人問題，卻不特別表明，表面上依然淡定工作的人，真的令人驚訝又尊敬。他們明明那麼辛苦，還是如此努力。

但因為公開自己沉重私事的壓力，遠比得到他人同情和共鳴大的多，所以當事人會選擇沉默。而且人很奇怪，就算眼前的人也有類似的煩惱，還是會認為「只有自己最慘」。

去唱卡拉OK，人人都大聲唱著「人皆無法獨活」、「人皆有悲傷遺憾」等歌詞，卻認定職場中沒有這樣的人，這真的很不可思議。我想這應該是某種心理的偏見。人碰到辛苦的事時，會覺得只有自己如此辛苦。這種狀況類似進行輔導時，心理諮商師絕對不能對諮商者說「你的狀況並不特別」。因為這句話非但不能安慰對方，還會遭反駁：「你的意思是，忍耐是理所當然的？」

如果整個職場籠罩著對同事的嫉妒、輕視，以及憤怒、焦躁等負面情緒，就很難改善這個現象。所以，我希望大家先發揮自己的想像力，想像工作同事的人生：這位同事為什麼會選擇這種工作方式？是不是受到什麼限制？他的目標又是什麼……。

在職場上，如果想介入別人業務之外的私人領域，或許會被厭惡、被當成惡人。但我所謂的介入，並不是像狗仔隊，挖掘別人的隱私、八卦。你不需要掌握事實，只要發揮自己的想像力，想像對方一定「有什麼隱情」，然後多體諒對方。

組織、團體中的問題，絕大多數都是誤解引起。當有問題找上自己時，不要馬上歸罪於外，認為別人有惡意。只要先想一下「莫非其中有什麼隱情？」心情就可以先平靜下來。

說得直白一點，職場同事會發生的各種問題，也有可能會發生在自己的身上。我認為有這種認知也非常重要。因為，這些其實都不是特別的事。有父母的人就會被捲入父母的問題、有家人的人就會被捲入家人的問題。就算單身，也有男女之間的問題。沒有戀人的人，心中的孤獨、對未來的不安，也必須想辦法排解。總之，每個人都有各式各樣的問題。

而且，人總有一天會死去。不論是生病、健康的人都一樣。只要這麼想，就能對別人多一點體諒、多一分包容。如此一來，職場就會是能輕鬆工作的好地方。

拉丁語中有一句非常有名的警語，叫做「memento mori」，意思是「不要忘了總有一天你會死去」。後來，基督教用這句警語，演繹出另一句類似的句子：「只要想到死亡，就知道現世的享樂都是虛無的。」另外，打仗後，「要痛快的大吃大喝，因為我們明天就會死」的想法，也是一種對死的反思。想想這些警語，你的思緒或許可以暫時離開庸碌的日子，好好思考「何謂人」、「何謂活著」。等腦袋轉了一圈後，就可以再回到忙碌的職場。

要對別人的事說三道四——建立「共同語言」

在日本，對他人說長道短，不但不是件好事，還會被當成惡人。但有時這麼做，可以改善組織、團體。

職場中的成員來自於四面八方，所以彼此都會對他人說三道四。有人會褒獎、有人會批判、有人會發牢騷。評價時使用的語詞定義因人而異，所以會阻礙職場的溝通。即使使用相同的語詞，每個人腦袋中出現不同的畫面時，溝通就會不投機、有磨擦，甚至產生誤解，進而讓人心生懷疑。職場的問題多半來自誤解。如果職場中的成員，有描繪人的「共同語言」，就可以避免這種狀況。接下來，我就要針對這個方法說明。

現在，日本企業招募人才時，最常使用的ＳＰＩ（Synthetic Personality Inventory，綜合適性量表）適性測驗，就是瑞可利設計的。在瑞可利，大多數員工都能很精準、很熟練的使用ＳＰＩ中的Personality（性格、能力的總稱）的詞彙。例如，「因為他是容易自責的人。」、「他是不是士氣太高昂了？」等。

人如果知道對方的性格，就會有一種熟悉感。就算工作上發生問題，也不會隨便猜疑的說：「他竟然會這麼做，太低估這份工作了。」還會先幫對方說話：「他就是這樣，真是拿他沒辦法。」、「他就是這種人。但應該還不至於如此。其中一定發生了什麼事。」

前者和後者的反應有天壤之別。在職場上的互相了解，如果能有後者的體諒，就算發生問題也不會變成問題；相反的，如果是前者的反應，就算沒有問題，也會衍生麻煩。

我在瑞可利工作時，當時的員工名冊中的員工性格欄，就有一部分ＳＰＩ的測驗結果。所以我們除了可以看到同事彼此的性格，職務有異動、有新人進公司時，我們還可以有心理準備，知道「這次來的同事好像是這種性格的人」。如此一來，我們能更順利的接納他人進入職場。

就像這樣，如果職場中有和人有關的共同語言，可以容易知道和自己一起工作的夥伴，有著什麼樣的性格。**想透過進一步的互相了解，避免職場中的紛爭，擁有可以描繪人的「共同詞彙」真的非常重要**。

要做到這一點並不容易。如果**不刻意定義這些描繪人的詞彙，這些詞彙就不會自然形成**。另外，即使員工性格相同，評價仍會因職場不同而產生差異。例如「求知欲旺盛」。一般來說，我們都認為這是一句好話。但在傳統工藝、日本料理業界，這句話會被當作「沒有定性」，而無法獲得好的評價。

除此之外，同一個語彙也可能混雜多種不同的意思。例如，日文的「主體的」。按照字義來說，意思是「自主的」、「自發性的」。但政策採取由上而下模式的傳統企業，喜歡乖乖聽公司政策的員工，所以這個詞在這種職場，反而是指「服從」、「適應的」、「聽話」。

那麼，我們到底要怎麼做，才能創造無法自然形成的「共同語言」？最簡單的方法，就是像我舉瑞可利的例子，尋找有「可以描繪公司員工性格、能力的語彙」的適性測驗。

具體的做法就是，公司的經營者和人資部門，先接受各種適性測驗，再確認可以描繪性格、能力的詞語。從中選出最好的，然後讓這些詞彙和思考模式滲入職場。這是最有效的方法。

例如，如果是「重視人際關係的溝通工作」，就用「共鳴性」、「情緒穩定性」等比較細膩的語詞描繪。如果是「必須承受極大壓力的工作」，就參考能深入挖掘員工「持久性」、「自信程度」等的測驗。

實施適性測驗有各種目的，例如，招募人才、培訓人才、評估病理、建立團隊等，所以需要詳細區分的語彙類別會不一樣。建議大家在篩選共同語言之前，最好先實際做過各種適性測驗。

辦公室戀情有好有壞

好人認為職場同仁談戀愛會影響工作。但好像多數人也不認為，透過人事異動把情侶拆開，對工作有幫助。

根據瑞可利所做的「二〇一四年戀愛觀調查」，二十至四十歲未婚男女初次邂逅的地方，以「同一公司、同一職場」為最多，占了二三・五%；國立社會保障・人口問題研究所做的「第十四屆出生動向基本調查」（二〇一〇年，關於結婚和生產的全國性調查）中，也顯示有高達二九・三％的男女，透過職場或工作認識另一半。

因此在日本有不少辦公室戀情、結婚的對象是自己的同事。但這和友善職場有什麼關係？我不懂深奧的戀愛理論，所以以「有好感」為重點，進行這個話題。在職場上對某個人有好感，有人會被認為是「性騷擾」或「不懷好意」。這種狀況就姑且跳過不談。

根據心理學，人對他人產生好感，可以從幾個理論得知。例如，我已經提過好幾次的相似效應。這是一個和自己相似的地方越多，就會對對方越有好感的理論。所以辦公室戀情多的職場，或許也可以說是同質性高的職場。假設，職場上是因為這個原因而有很多辦公室戀情，對自己也符合這種「同質」的人來說，這個職場就是舒適的工作場所。反過來說，對被同質性排除在外的人而言，或許就是個不舒適的地方。

還有具強烈偏見的單純曝光效應。簡單來說，就是一種「越見越喜歡」的效應。溝通頻率、交流數量多的職場，員工之間就會產生這種單純曝光效應，讓公司內的「好感」逐漸增加。

另外，因為職場中的大多數問題，都是由吝於溝通產生的誤解，或因疑心生暗鬼引起，如果同事之間溝通頻率變高，不必要的爭執和摩擦就不容易發生。不過，雖然不是佛教中四苦八苦（按：四苦為生、老、病、死。八苦除了上述四苦外，再加上愛別離苦、怨憎會苦、求不得苦、五蘊盛苦）中的怨憎會苦（看到討厭的人的痛苦），但如果對某些同事原本的印象就不好，單純曝光效應還是會產生作用（單純曝光效應會產生兩種狀況。一種是越見越喜歡，一種是越見越討厭）。

有研究顯示，喜歡自我揭露、自我公開的個性，可以增強人際關係。尤其是如果能對對方敞開自己的內心、弱點，還有可能和對方成為親密的友人。職場裡之所以有很多的辦公室戀情。我認為可能有兩個原因：一、該職場中，有許多心胸開闊、毫不猶豫對他人**展示自己的人**；二、該職場是一個包容度高，可以讓員工**安心展示自己的職場**。

如果是前者，對比較內向的人來說，或許會覺得當事人過於開放，很難適應。但如果碰到的是後者的職場，或許會覺得這是體恤任何人的友善職場。但對喜歡刺激、競爭的人來說，或許就會覺得不過癮、不夠刺激。

接下來的內容可能過於直白。辦公室戀情之所以很多，還有一種可能性，就是**職場內有很多俊男美女**。一個人如果擁有這種先天的優勢，就會產生光環效應，在其他方面也同樣能獲得比較多的好感。無論做什麼，只要是俊男美女就可行。這時，對我這種不是帥哥的人而言，就會覺得「這不是友善的職場」。

不是只有美醜會產生光環效應，超凡的能力、偉大的人格，同樣也會產生光環效應。換句話說，一個人只要有特別突出的地方，就能比別人受歡迎。總而言之，**辦公室戀情旺盛的職場，有可能就是人才濟濟的地方**。

另外，人和他人一起經歷心跳加速的情況下，會誤會這種緊張的心理是對他人的好感，這便是**「吊橋效應」**。如果職場是必須承擔風險、每天都過得很刺激、充滿危機意識的公司，一起經歷這些的男女同事，**或許就會產生戀情**。如果真是如此，對喜歡冒險的人而言，這個職場就是可以輕鬆發揮的友善職場。但對追求安定的人來說，或許就不是個舒適的地方。

如果你是本書中所說的黑臉、惡人，只要先了解這些確立的心理學理論，就可以利用這些理論改變職場氛圍。若想圖利自己，如想讓自己受異性歡迎，也可以善加運用。總而言之，從事人資工作前，應該先了解這些基本的原理。

讓「憨直派」和「效率派」好好相處

就如前述，因為現在提倡各式各樣的工作方式，不論是SOHO族、遠距工作、短時打工、做副業、兼差等方式，都已逐漸獲得各公司的認同。和各種工作方式有關的思維，如果真能打造如詩人金子美鈴所說的，「人各不同，各有所好」的共存共榮職場，當然是最圓滿的結果。但現今真的如此嗎？這還是個疑問。

就以「遠距工作」來說，關於「在什麼時間、在什麼地方工作」，經過人們大量討論後，終於逐漸有了共識。與之相比，所謂多元的工作方式，並非單純如此。例如，執行一項工作時，用什麼順序、什麼方法進行的「工作論」，沒有經過整合。所以直到現在，各地的職場還是堅守自己的文化、各唱各的調，讓職場非常的死板。

我觀察過各式各樣的組織、團體，發現職場紛爭中，最常見的就是「憨直派的勤奮者」和「效率派的快刀手」的對立。他們都把彼此當成惡人。

「憨直派的勤奮者」顧名思義，就是在凡是工作只要堅持一直做下去，就可以實現最終目標的信念下，用既定的方法一直進行，直到有什麼成果出現的人。這類人的工作的時數通常都很長。他們工作持續的期間，遠遠超乎一般人的想像。有時會長達數月，甚至是數年。

這段期間，並非沒有啟動PDCA（按：計畫〔Plan〕→執行〔Do〕→查核〔Check〕→行動〔Action〕）的管理循環機制，但這類型的人看不到成果時，不會認為有問題出現而修正軌道，而是很遲鈍、很有耐性的繼續實行。他們堅持「只要做就一定做得到」，所以認為「沒有做不到的人，只有不做的人」。以往的日本職場，多數都是這種傳統類型的人（但我並不是指傳統就不好）。

和「憨直派的勤奮者」對立的，就是「效率派的快刀手」。他們認為所謂的工作，就是先思考最短距離，以最省事的速度執行，然後完成最終的目標。這就是他們的信念，所以他們不會為了求快而不動腦。而是先動腦思考，想出工時最短、最有效率的做法後，才開始真正動手去做。

效率派多半眼明手快，能輕鬆完成作業。所以他們可以用最快的速度完成PDCA的循環，而且只要一認為某種做法沒有用，就馬上換另外一種做法。過程中有時確實可以找到更好的方法，但有時如果真的只有愚笨的老方法可行，他們會一直尋找更簡單的方式，導致做不出任何結果。坦白說，這和個人的能力有關。因為我討厭長時間勞動和一直做同樣的工作，所以我還是比較喜歡有效率的做法。

由於企業經營者只要求成果，所以這兩派會提出各自的見解，我認為這些看法並沒有好壞之分。只要能依照工作的特性、員工的性格和能力做出成果，就是好做法。但這兩派的人卻時常互相否定，破壞職場的氛圍。

憨直派認為效率派，是只想輕鬆做事的懶惰者，沒有毅力堅持做好一件工作。有些人甚至還嚴詞批判，表示效率派只會做表面工夫粉飾太平，事實上根本不會工作；或許真的做出結果，卻沒有發揮自己最大的實力，提出最佳的成果，所以不是組織可以託付的人。

而效率派也會否定憨直派。認為他們是不會用大腦的笨蛋；不懂得放棄、不會修正、不乾脆，是重量不重質的落伍者；是強迫團隊成員使用最糟方法的濫權者。這兩派的人越來越水火不容。

我想代替公司有這種對立狀況，其企業經營者和主管說一句話：「拜託，請你們互相認同、好好相處。」

現在，已經是認同新工作方式的時代。就算用不同的方式做同樣的工作也可以。當然，特定的工作還是比較適合某種特定的思維，人不會那麼輕易改變自己的工作方法。

就像原本不太適合在家做的工作，現在企業也同意可以在家做一樣，只要工作者認為最有效率就可以了。只要不會替周圍的人添麻煩，我認為就不須為難、譴責。關於今後工作方式的改革，我認為多元化的「工作論」一定會引領風潮。

直屬主管不可有人事異動權

這個社會充斥著批判主管的言論。我年紀輕輕就成立公司，或許也是被厭惡的主管之一。這麼努力卻被部屬苦苦相逼，真的很難為主管，當主管真是一件苦差事。

當然，有些狀況是主管自己有問題。最令人不可思議的，就是對部屬的各種騷擾。現今社會非常重視法規，竟然還有利用權力打壓、騷擾的愚蠢主管。

不論是什麼樣的主管，在公司內一定有一些權限。其中影響最深的就是人事權和考核權。對部屬而言，這種權限是最有可能左右自己人生的極大力量。無法晉升、不能如願異動，對部屬而言是最恐怖的。對主管感到恐懼，員工自然會猶豫要不要對主管直言。

然而，對主管個人的成長來說，這種狀況卻足以致命。包括騷擾在內，差勁主管的各種言行舉止，其實都是在沒有回饋的環境下產生。人必須透過別人的回饋，才能改善、成長。但日本人卻失去了這種契機。

如同《文化地圖》（*The Culture Map*）的作者艾琳・梅爾（Erin Meyer）認為，日本和泰國一樣，都酷愛高情境溝通模式（High context，溝通時許多事都不明說，用情境線索解讀訊息的涵義），不喜歡直接給予或接受負回饋（批判式指正）。這種文化，或許可以說是一種互相察言觀色、不易開口直言的國民性。

沒有接收到他人回饋的主管，就會像周哈里窗（Johari Window）理論中的盲目我（Blind Spot，自己不知道，他人卻很清楚的優劣之處）。明明是自己的事，卻沒發現的那個自己，就是「自己不想承認的自己」。也就是不符合社會期許的自己，在一般社交場合，會出現眾人眼中不良言行舉止的那一面。

但有額外權力的人，就算形象不符合社會的期許，也沒人敢說「那樣做是不行的」，所以這種人的抑制力就會異常薄弱，我認為這就是造成各種騷擾的溫床。

其實說得極端一點，我認為某種程度上，應該要剝奪主管的各種權力。身為主管，不應該靠公司給的權力，而應該靠自己的工作能力和人品，自然影響自己的部屬。

部屬不是因為主管高高在上，而是因為相信主管的能力和人品才聽主管的話。如果公司內的上下關係是如此，應該最為理想。為了組織方便營運，或許不需要特別去除財會部門的審批權，但我認為應該要剝奪主管的人事權。

這裡的剝奪，並不是指什麼都不讓主管碰觸。部屬的考績，只有每天觀察部屬工作情形的主管能評分。因為這是不爭的事實，所以考績評價理所當然應該由主管來做。

但如果全權交給主管，一旦有黑箱作業，難免會產生異常的權力。這時的「權力」，是指以某種強制力，讓周圍服從的力量。這和藉由信任的力量，讓周圍服從的「權威」完全不一樣。

例如，以人事權來說，主管對考績、升遷、異動有意見時，務必要讓主管自己說明清楚，為什麼有這番見解。像是為什麼某位員工的考績分數這麼低、為何遷調某位員工、降職原因等。透過要求主管針對人事做詳細的說明，讓主管行使「額外的權力」時，有一定的壓力。

不過，只這麼做或許還不夠。不管是組織還是人，我們都有太多肉眼難以看到的模糊地帶。所以能言善道的主管或許隨便找個理由，就可以開除不喜歡的部屬。

因此，除了上述的動作外，還應該要做到「**透明化**」。最近，許多公司的人資部門會利用大數據進行分析。例如，讓全公司的員工都接受適性測驗，再分配最適合的工作給員工，提升企業整體的績效。現在，甚至連由什麼樣的員工組合的團隊，最能創造高生產力，也都可以做到透明化。

在這之中，如果員工對結果有異議，主管就得負起責任來說明。如果有人反對組織狀態透明化，可能只是有口無心（按：如嫌麻煩而不想改變原本做法）。但反對派中，或許有人希望自己有權力能控制組織。

如果剝奪主管一些無用的權力，讓他只能靠自己的權威讓部屬行動，只會騷擾他人的主管就會令人失望，更因為無法讓大家行動失去舞臺。

和權力者對峙，或許會被汙名化、被視為惡人，但只要對組織、團體有好處，就必須傾全力度過逆境。

第六章

「人」的問題，不外乎這幾種誤解

我為各種企業提供人資諮詢的服務，所以我敢說幾乎所有組織的課題，都來自於團隊成員之間的「誤會」。老闆、中階主管、基層員工，都會彼此互相誤會。和企業面談時，我只要稍微深入話題，很多人就無法為自己的想法，提出具體的事實或根據。所以面談就在無人確認，卻認定「八成沒錯」的狀況下結束。看到許多公司的員工把同事說得一文不值，我真的很難過。

「組織」的問題來自誤會

為什麼會這樣？原因之一是，人會將自己的自以為是投射在對方身上或環境當中。有一種心理測驗叫做「投射技術」（projective technique）。簡單來說，就是透過墨跡測驗（按：測驗由十張有墨漬的卡片組成，受試者會被要求回答墨漬像什麼）、看圖說故事、描繪人物和樹木的圖像，了解受試者的心理狀況。這個方法的特色，就是讓受試者在不受限制的情形下自由解釋，讓受試者把內心，投射到外部的事物上。

還有一個原因就是，自己很在意或重視，他人卻視而不見。為了驗證自己曾提出過的假設或信念時，人會只想收集肯定的資料，忽視反證的資訊（心理學的「確認偏誤」，就是最經典的例子）。

從「投射」和「確認偏誤」衍生出來的誤會，就如凱撒曾說：「人只看自己想看的事物。」如果出現模稜兩可的狀況，人會先把自身想法、見解投射在狀況上，接著為狀況解釋。以此提出的假設，只會越來越主觀。這是一件很可怕的事。亞洲的組織大多數處在這種模稜兩可的狀況下；歐美國家就不一樣了，在多語言、多民族的文化下，為了要表達自己的意思，大家會盡力講明白、說清楚。

日本是海島型國家（按：臺灣也是）。島國最大的特徵就是，大多數人使用一樣的語言，而且都源自相同的民族。因為大家有相同的成長背景，所以習慣使用高情境溝通模式（因為擁有共通的認知和想法）。也就是說，日本人溝通時通常**講究默契**，**喜歡「心照不宣」**。反過來說，**就是不喜歡「說得人盡皆知」**。**因此，直接說清楚的人，就會被認定為惡人**。

在往昔的日本社會，這種不說明白的溝通模式確實降低了溝通成本。但現在日本所面對的問題，例如，世代隔閡、格差社會（按：社會民眾之間形成嚴密的階層之分）、全球化等，都有多元的面向。因此，在社會必須逐漸採取低情境溝通模式（Low context，溝通時明確的表達辭意）的狀況下，話說得不明確已不再是降低溝通成本的方法，而是製造誤會的根源。

另外，原本和他人不投緣或過去針鋒相對時的印象，都會引起偏見。這種偏見也難以和他人形成默契。例如，因為相信對方而讓對方全權處理，卻被認為「沒有責任感，想把責任往外推」；偶爾慰勞對方，請對方喝酒，卻被認為「想藉由請客擺平大家心中的不滿」。

想要減少這樣的誤會，我建議可用以下兩個方法：第一個方法是「**直接說清楚**」。我了解不懂看臉色的人會讓他人覺得煩躁。甚至讓說話者忍不住想：「必須說得這麼清楚，你才聽得懂嗎？」但在企業、組織中，表達時一定要「率直」、「清楚」、「明確」、「直接」。

這時必須留意的是，必須在乎對方的感受、使用禮貌的措辭。最好非常有禮貌的，**使用「意思只有一個」的明確措辭**。

尤其是企業老闆或擔任主管的上位者，更必須具備這樣的態度和說話技巧。上位者因為鮮少有機會在組織內進行一對一的溝通，而且個性（不論好壞）

都和基層員工有很多不相同的地方，所以說的話常遭到誤解。

因此，老闆或主管對部屬不要說「給我好好做」，而是要說「不要忘了做事的順序，工作在交件日前一定要完成」；不要說「你最好有自知之明」，而是要說「因為客戶對我們還不夠信任，說話不能太過直接免得失禮」。像這樣，**為了不讓部屬產生誤會，一定要說得非常具體**。甚至有時必須視狀況，連一些細微的枝節都說明清楚。但主管都是大忙人，常沒有注意到自己下達的指示，其實都非常含糊不清。

第二個方法是「**加深同事之間的互相了解**」。這個方法可以讓員工在無形中，不再排斥低情境溝通模式。換句話說，就是多花一些溝通成本，讓員工互相了解對方是什麼樣的人。

我曾服務過的人壽保險公司 Lifenet，每當有新人加入時，都會盡可能多召集一些員工，**讓每個人用一個小時介紹自己**。或許有人會覺得一個小時太長，但大家都活幾十年了，嘗試介紹自己後一定可以講足一個小時。童年、家人、興趣、對工作的信念等，如果沒有這一個小時的自我介紹，就不可能如此深入的了解鄰座同事。因為該公司的員工來自各種不同的背景，所以有必要多花一點心思做這樣的安排。

不做自我介紹，做適性測驗也可以，企業能讓員工先做適性測驗，再公開結果讓同事參考。我以前的老東家瑞可利，就曾以榮格的性格理論為基礎，開發了稱為「ＴＩ型」的性格測驗，而全體員工可以藉此了解自己的同事。

就連我這個小公司（株式會社人才研究所）開設的「Lego Serious Play Method」（認真玩樂高遊戲的方法）之類的研討會，瑞可利也會參考。總之，瑞可利為了加深員工彼此的認識，會活用各式各樣的方法（「Lego Serious Play Method」是運用大家都知道的樂高積木，讓團隊成員把隱藏在自己內心深處的內觀〔introspection〕，立體化、具象化的一種方法）。

以上，就是我所建議的兩個方法。其實最根本的做法，就是心中要有「性善說」。請大家用人性本善的想法，落實我提出的這兩個方法。由日本歌手、演員武田鐵矢填詞的〈送給你的話〉這首歌中，有兩句歌詞是「與其因無法相信他人而嘆氣，不如因相信他人而受傷」，我對這兩句歌詞有感而發。「信賴」可以大幅降低組織的溝通成本；「懷疑」則會產生不必要的刺探、磨擦、不安、擔心。

當你的周圍出現令人存疑的人或事時，不要馬上認為自己被背叛了，而是先假設「其中一定有什麼隱情或誤會」。有人被懷疑後一覺得不痛快，就會產生「既然你們這麼想，我就如你們誤會的這麼做」的想法；另一方面，許多人若被他人信任，就會想好好回應這份期待。

俗話說得好，「相逢自是有緣」。我認為，只要試著相信有緣就能當朋友，所有的事都會好轉。相信性善說的人，在信任他人的過程中，有時看在別人的眼裡會是惡人（例如，出事時，當所有人都一致想把責任推給某個人時，惡人卻表示「應該站在這個人的角度想一想」）。但你千萬不要因此就畏懼扮黑臉。

職場還是晦暗一點好

有許多人希望職場變得更活潑。但仔細觀察後，我覺得老闆和主管大都只是單方面的要求年輕員工。我就曾在自己的公司說了「很官僚」的話：「全公司一起開會時，氣氛不要這麼晦暗，大家都打起精神來，尤其是各位新人。」

我問自己為什麼要說這些話？原來我是因為員工不夠活潑而惶恐不安。當老闆、主管看到員工都低著頭、面無表情時，會直覺認為「員工一定有什麼不滿」、「一定有人想離職」、「員工一定承受了莫大的壓力」。然後，就會認為自己是無法為員工打造舒適職場的惡人。

主管的心情、內心的痛我都明白，但當時員工是怎麼想的？心理學家米哈里・齊克森（Mihaly Csikszentmihalyi）提出的「心流理論」（Flow），正好可以解說這個狀況。「心流狀態」是一種人的精神，專注在正在進行的工作或活動上的「神馳狀態」。人要達到這種狀態，必須有以下條件：工作難易度符合自己的能力、有自己能掌控工作或活動的感覺、對於自己做的事能直接反應、擁有可以專注一致的環境。

如果能滿足這些要素，人就會湧現源源不斷的精力，並把這股精力全部投入正在進行的活動或工作上。這種強大的集中力和愉悅的感覺，能讓自己發揮最大的能力，提升工作的績效，使自己成長。

那麼，其他人如何判斷，當事人是否進入了心流狀態？通常可以從臉部的表情判斷。當一個人阻斷了和周圍的互動，可能會看起來不開朗，甚至是心情憂鬱。

從已經進入「心流狀態」的人的立場來看，若惶恐不安的主管突然拍了一下自己的肩膀，說：「你怎麼這麼沒精神！」就算主管是出自善意關心部屬，也已經打斷了自己的集中力。當事人一定會心想：「我沒事，我的精神很好，請不要擔心。」這時**主管不只打斷了部屬的全神貫注，還妨礙了職場的生產力**。如果是這種狀況，職場還是「晦暗」一點比較好。就算工作現場很安靜，只要員工精神專注，還是可以創造工作績效。

當然，晦暗也有不好的一面，這一面正好和心流狀態相反。例如，有的員工不但不能專注做一項工作，一下去廁所、一下喝咖啡，做一些多餘的事，對周圍的同事也漠不關心，不跟任何人搭話，總是我行我素、旁若無人。當職場的氣氛被這樣的人營造得很晦暗時，就代表生產力要走下坡。就像德蕾莎修女（Mater Teresia）所說：「愛的反面，不是仇恨而是漠不關心。」同事彼此認為對方不關心自己的職場，一定會逐漸變成一個沒有「愛」的工作場所。

如果覺得談「愛」太誇張，可以換個說法，例如「依戀」、「關懷」等，這些都是職場需要的能量。除了對認為「公司是賺錢的地方，不是交朋友的地方」的員工之外，沒有這些元素的職場，就不是舒適的工作場所。雖然和前述的心流狀態不一樣，但我認為職場因適度的聊天而變得熱鬧，就是互相關心的證明。

身為領導部屬的主管，**一定要會辨別工作現場因安靜呈現的晦暗氣氛，到底是專注工作的心流狀態，還是因為同事對別人漠不關心**，疏於營造人際關係和溝通造成的。如果是前者，上上之策，當然就是盡可能不打擾；如果是後者，就要想辦法讓部屬彼此互相關心。

如果能讓部屬向同事展示自我、彼此互相了解，就可以透過關心讓職場洋溢工作的熱情。如果無法辨別職場上兩種晦暗氣氛的差異，主管的善意反而會帶來不好的結果。

無人離職會有問題

一般人看到某企業離職率高，就會認定該企業是不友善的公司。我也是這麼想的。我經營的公司如果有人離職，我會覺得是上天在「懲罰我」，因為我一定是個很糟糕的老闆。

但我的老東家瑞可利，雖然員工總是來來去去，卻是一家員工可以彼此切磋、互相鼓勵，充滿工作活力的優質公司。雖然離開瑞可利好幾年，但我到現在還是非常喜歡這家公司，並還保持密切的聯繫。

因此，不能一概而論離職者多就代表公司有問題。那麼，離職率和職場友不友善到底有什麼關係？關於這個問題，我認為要先思考的，應該是在「員工不離職」的狀態下，會出現哪些狀況。

提到幾乎無人離職的公司，就會讓人聯想到以前的日系大型企業（最近這種狀況已經改變了）。提到這些企業給人的感覺，聽說他們的員工經常抱怨：「上面沒有空缺，很難升遷。」、「共事成員數年不變，一切都墨守成規，很難有新的創意。」、「序列永遠不變（依進入公司的順序自動排列，依照年資加薪）。」

沒有員工離職，馬上就能看到的弊病就是高齡化。當然，企業此時擁有很多資深的員工，不能一概說高齡化不好。但人年紀一大，各種身體的機能都會衰退是不爭的事實。如果公司組織能永遠成長，就可以透過提升年輕人的錄取人數，讓平均年齡不往上攀升。但不論是什麼樣的企業成長都有限，一旦停止成長，很多公司會減少招募新人的名額。於是，在企業成長期井然有序的人口金字塔，就極有可能變成「倒金字塔結構」。

人如果一直停滯在原處，隨著年齡的增長，還會出現「僵化」的狀況。因此，不論員工多麼喜歡、多麼拿手的工作，若讓同一個人一直做同樣的工作，這個人一定會厭倦，而且無法產生新創意。

短期來看，現職人員績效較佳的機率比較高，所以很多老闆沒有勇氣，換一個沒有經驗、卻有潛能的年輕人。就算年輕人最後可以做出工作成果，但年輕人需要花時間適應新工作，若希望成績超越前任工作者，真的是太難了。換句話說，提拔年輕人對公司而言，需要一些暫時性的成本以及風險。

對企業來說，最嚴重的問題是年輕人離職。如果很難升遷的想法，在年輕人之間蔓延，他們自然會對公司失望，並向外尋找能一展身手的機會。因為高齡化加上少子化，年輕人未來可能必須面對「低出生率、高死亡率」的狀況。如果職場不錄用年輕人、年輕員工又比資深員工早離職，職場的高齡化勢必會越來越嚴重。如此一來，組織快速惡化。如果年輕人一個個離職，只有高齡者繼續留下來，組織便失去活力。這是可想而知的。

以上，就是我大膽列舉的「沒有員工離職」的缺點。與此不同，瑞可利有一種很好的公司風氣，就是「員工到一定年齡，公司會協助創業，但仍繼續交付工作」（有人曾開玩笑說，這是三十八歲退休制度）。不過，這並非指任由員工不斷離職就是好事。

例如，如果企業一年內有三成員工辭職，連工作技術都留不住，工作品質一定會下滑；公司和員工之間沒有情誼、沒有歸屬感，就無法和其他公司競爭；要花十年的工夫才能出師的行業，如果員工進公司不到幾年就離職，教育成本會無法回收。若是這種類型的公司，員工離職率當然低一點比較好。

相反的，如果公司經營的事業，必須在變化激烈的市場上廝殺，致勝的模式就不能一成不變。因此，比起經驗豐富的人，他們更需要有創意的新人。如果是這樣的話，離職率相對高一點會比較好。

除了這些之外，當然還有其他要考慮的要素。但不管是什麼樣的公司，都應該有「適當的離職率」，不過計算適當的離職率並不是一件容易的事。總而言之，重要的是正向的看待員工離職。如果堅持「員工離職就不是好事」、「世上沒有適當的離職率」，就無法管理離職率。

管理離職率不需要像動外科手術一樣，透過非自然的做法，例如強行裁員等手段調整。同樣是離職，主動離職和被資遣有天壤之別，大型裁員就更嚴重了。這不但有損員工和公司之間的信賴關係，還會破壞人和人之間的情誼，甚至讓整個組織癱瘓。其實完全不需要如此大動干戈，只要平日有離職率的概念，就可以用更自然的方法，促進人力流動。

調整資遣費制度、設計生涯教育、改變公司內部人事異動的方針、營造全體員工的一體感，在某種程度上都可以操作離職率。在這些過程當中，不論員工主動離職還是選擇留下，都不會為組織留下禍根。現在，雖然這麼做的公司還很少，但組織的流動不論是對留下來，還是離開的員工而言，應該都是一種比較快樂、圓滿的形式。

「自由真好」是騙人的

《逃避自由》是德國心理學家弗羅姆的古典名著。求學時，我一看到書名，腦中就立刻產生疑問：「我會逃避自由嗎？」當時，我是日本歌手尾崎豐的歌迷。在他的歌曲中，他詮釋自由是人人都渴求、人人都想要的東西。所以我認為，人絕對不會想逃避自由。

但看了這本書，之後踏入社會有了實際的工作經驗，現在我深深覺得自由很恐怖。因為，對於被告知「你可以自由發揮」的人而言，這句話就是一種壓力、負擔、威脅。

有一位在外商管理顧問公司工作過的前輩，曾經對我說：「**我很不擅長吃自助餐（Buffet）。我平常在沒有任何制約的條件下工作，必須做出各種選擇。為什麼現在連吃個飯都要這麼自由？我不想選擇。我只想吃專業大廚菜單上的套餐。**」

事實上，這個世界上，幾乎沒有人能自律、主動的享受真正的自由。對不會又不懂得如何自動自發的人說「請你自由發揮」，只會讓這個人不知所措。**「自由發揮」反過來說就是指：對方什麼都不指示、對方什麼都不教、對方什麼道理都不明示。**

一般人都認為有自由比較好，被指示、被強迫，都令人感到厭惡，所以很多企業熱衷於打造「自由的職場」。甚至有的企業徵才說明會，都會特別強調公司風氣自由。

但公司裡的自由，幾乎都和「責任制」畫上等號。員工會被告知：「**你可以隨意發揮。但你心裡應該明白，自由的代價就是承擔結果和責任。**」

隨著時代改變，現在有許多人渴求自由嗎？可以承受自由的人增加了嗎？我認為人的天性不會這麼輕易就改變。所以現在和以前一樣，對被吩咐可以任意發揮的人來說，自由仍然是一種威脅。

職場中之所以會發生這種事，第一個原因就是，公司的老闆大都是非常喜歡自由的怪人。大多數的老闆因為不喜歡被主管嘮叨，希望能自在的做自己喜歡事，才出來自行創業。所以這種人會這麼想：「奇怪了，一般人不是都想要自由嗎？」

老闆在還能面面俱到管理整個公司時，因為自己想要盡情的發揮，就不會任由員工發揮。

但公司成長後，當老闆無法凡事都親力親為，而想把自由的風氣帶進公司時，公司裡的「好人」就會馬上提出「自由和自負其責」。座位自由坐（辦公室不為員工準備固定的座位。員工隨意使用空的座位或開放空間）、不設置固定的組織等，都是以「解放」為目的導入的制度。

於是，原本喜歡自由的老闆，就更熱衷讓職場自由化。但對大多數的人而言，這是憂喜參半的做法。因為大多數的人想要的，並不是自由發揮，而是獲得更多的指示和教導。

我不是在批評最近的年輕人只會等待指示。我的意思是，要讓一個人享受自由，**不能突然把自由硬塞給對方**。主管就算會被人嫌惡或當成惡人，一開始還是必須先讓部屬習慣傳統的工作方式。

心理學中，有一種理論叫做「專業化理論」（expertise），研究人如何成為專家。這個理論建議人先依照固定的模式（傳統形式、常規、慣例）學習。熟悉固定模式後，再慢慢摸索有自己風格的做法。這是既自律又自然的過程。

因此，除非全公司的員工都既自律又獨立，否則就算員工口口聲聲要求自由，老闆也絕不能盲目採行。我認為縱使會被厭惡，老闆或主管剛開始時還是要仔細下指示，限制員工、部屬。這才是邁向自由、自律的捷徑。

性格合不合，決定一切

我看到小孩子走斑馬線時，只踏著白線過馬路的畫面，就覺得「基本上人還是想循規蹈矩」。想把彎曲的東西拉直，或書本依照大小、顏色、種類，整齊的排進書櫃裡，都是因為人強迫要規律、要整齊。

職場的座位也是如此。我曾任職的一家公司，有主管為了希望自己所在單位自成獨立一區，竟然花費數十萬日圓調整座位。最近，採用座位自由坐制度的企業增加，但大多公司的辦公室座位，應該還是由正式的組織決定。不過，真的有必要這麼做嗎？

公司裡的每個部門都是正式的組織，這些組織中的每支團隊都有自己的目標，且呈報上級的順序有一定的規範，而組織中的領導者擁有人事的考核權。大家每天一起工作，所以擁有極強的向心力。這樣的組織就算不特意維持，也能自然活下去，不會輕易崩壞。因此，就算不刻意在辦公室安排座位、特地打造自成獨立的空間，團體成員彼此之間仍會保持聯繫。

「話不能這麼說，工作需要頻繁溝通。如果組織成員不在身旁，會沒有效率。」這個道理我懂，職場確實也有這個面向。但遠距工作制度經過多方測試後，大家已經知道「意外可行」。現在，工作真的會因為組織成員的辦公座位不在周圍，就發生問題嗎？我並不這麼認為。

比起放著不管，就可以維持下去的正式組織，我認為更應該努力打造或維持非正式人際網絡（刻意打造才能維持、或是縱使誕生了也會很快就消失）。因為非正式的人際網絡，會為組織帶來很好的工作效率。

所謂非正式的人際網絡，主要是指和正式組織沒有直接關係的公司內部關係。一家企業如果擁有非正式的人際網絡，就是和睦的、公司同仁情誼深厚的組織。

這樣的組織，例如，有員工因工作上的煩惱而考慮離職時，就算主管、人資部門不知道，也自然會有人插手協助留人；或員工好像有精神上的問題時，也會有人挺身幫忙。組織內訊息傳達的速度非常驚人，流言可以馬上蔓延，好事也會馬上傳開。這種非正式的人際網絡，正因為是非正式的，所以向心力很低，放著不顧或許就消失了。

有很多方法可以強化這種非正式人際網絡。我要分享一個非常簡單的方法，就是「七零八落換座位」：不是依照正式的組織或專案決定員工座位，而是把座位打散。事實上，敝公司就是這麼做。

所謂七零八落並不是指真的七零八落，而是指和正式組織沒有關係。事實上，我的公司是經過精心討論，根據員工「個性合不合得來」決定辦公室座位。正式工作上的關係，就如前述，反正都有聯繫，所以我非但不重視這一點，還讓似乎個性合得來的員工其座位相鄰。

順帶一提，所謂「個性合得來」，簡單來說，就是一種有同質性或有互補關係的情誼。「同質性」的人，因為性格相似，所以溝通成本低，很快就能融洽相處。如果企業因為離職者多而傷腦筋，或工作現場氣氛不佳時，不妨試一試讓同質性的人一起工作。

另一方面，一般所謂的互補，是指兩個異質性的人，互相彌補對方的不足。剛開始，要讓兩個異質性的人互相了解，雖然要花點時間，但兩人一旦感情變好，就能互相提出不同的意見，並加以融合。這是一種有創造性、建設性的關係。當組織因為墨守成規，提不出創意而呈現停滯狀態時，最需要的就是「合得來」的人。

佛教提到人有四苦八苦。除了生老病死四苦之外，還有精神上的四苦。「怨憎會苦」就是這四苦中的一個。怨憎會苦是指和厭惡之人照面的痛苦，被視為是八苦之一。

在社會上工作，很多時候就算討厭某個人，還是必須一起共事。這是無法逃避的，但至少可以換座位；因為職務的關係，必須和討厭的人組成團隊，這也是沒有辦法的事。即使是這種狀況，人還是希望盡量減少和討厭的人碰面的時間。如果讓有這種需求的人，能和自己投緣的人坐在一起，每天工作的地方應該會是快樂的職場。

好人為什麼做了壞事？

如同我在本書一開頭說的，我一畢業就進入當時因「瑞可利事件」，而備受社會批判的瑞可利公司。現在，瑞可利是東證（東京證券交易所）一部的上市企業，令人有恍如隔世的感覺。當時，瑞可利因為發生了動搖財經界，甚至連教科書都會記錄的大事件，所以整個社會都用最嚴格的標準檢視瑞可利。

但當時的我並不在乎。事實上，我只看瑞可利的社會價值和瑞可利員工給我的感受，就決定進入這家公司。不過，我還是一直思考，瑞可利的創辦人是位勵志型的人物。為什麼這麼成功的人會讓公司發生這種事，甚至還讓自己背上惡人的汙名？

其中，我最不能認同的，就是有人以「因為他是惡人」為由，就不斷人身攻擊。如果他真的是惡人，不可能有這麼多的主管，願意賭上自己的人生跟著他。事實上，我從在公司內聽到的小故事就可以想像，瑞可利的創辦人是一位充滿人情味的天才型企業家。我記得當時有一部分的人，不但否定他之前的所有功績，還批判：「他就是那種人。」、「他所做的事都是有陰謀的。」但人真的是因為「本質惡劣」才犯罪嗎？我並不這麼認為。

我非常喜歡親鸞（按：日本鎌倉時代初期僧侶。淨土真宗的祖師）的《歎異抄》（實際的作者是親鸞的弟子唯圓）。裡面有一段這樣的內容：親鸞對皈依的弟子說：「你去殺一千個人，就可以到西方極樂世界。」弟子回答做不到，親鸞回覆：「如果人的善惡真的可以任由心來決定，你應該可以殺一千個人。」、「人不會因為自己是好人就不殺人。」、「人有時明明不想殺人，最後卻殺了一百個人，甚至一千個人。」

我們常說「人要為自己的行為負責」，我並不反對這種言論。如果否定伴隨人的自由意識而來的責任，就無法用現行社會制度下的法律管理人群，社會便會一片混亂。我現在也想不出什麼樣的制度，可以取代現在的法律。

但關於「人的自由意識」、「伴隨自由意識而來的責任概念的正當性」這兩方面的討論，我認為事實上並沒有那麼單純。而且就像親鸞所指正的，人認為自己可以控制自己的行為，其實是自大、傲慢的想法。

很多的科學研究暗示：「人的許多行為都不是出自人的自由意識，而是因為某種衝動造成的。」也就是說，人其實並沒有那麼自由。全世界的職場，有各種人在做各式各樣的壞事，所以每天才有那麼多的事件、新聞報導出來。而且大部分的報導，都是在探討犯人到底有多壞。

事實上，個人的性格就是犯罪原因之一，所以我們不能說做壞事和個人的性格無關。但基於前述的觀點，我還是常思考「為什麼當事人非做那件事不可？」根據我的實際經驗，許多令人訝異「為什麼會是那個人」的好人，其實就是事情的始作俑者。如果從這個角度思考，就不會認為犯罪和自己無關。因為「自己完全不知道，自己何時會犯罪」。

職權騷擾、性騷擾、精神霸凌、做假帳、拿回扣、經歷造假、職場暴力、逼退、過勞死等，職場上有各種壞事。為什麼職場上做壞事的「好人」，會一個個出現？

追根究柢，就是有「讓人做壞事的環境」。假設，把一百萬日圓的現金放在路邊，然後躲起來看經過路人的反應。如果，經過的路人（被觀察者）看到了一百萬日圓的現金，沒有送到警察局而是放入自己的口袋裡，就當場收押定罪。對這種製造犯罪的手法，大家的看法如何？大家一定會認為，天底下怎麼會有這種事。

犯了法就必須依法定罪，就算我認為「製造這種環境的人很惡劣」也莫可奈何。其實，**職場上的壞事也很類似。檢查一不嚴謹，就會有人鬼迷心竅想做壞事；規則一鬆綁，有人就會在灰色地帶鑽漏洞。人就是這麼軟弱**。這不是性惡、也不是性善，而是「性弱」。如果不以這個想法為前提管理組織，公司的老闆、人資部門，就會逐漸讓員工變成惡人。

職場中的夥伴或部屬做壞事，老闆、主管或人資部門不能只責怪當事人，而是應該深切反省將夥伴「逼入魔境」的自己。也就是說，為了不讓員工鬼迷心竅，老闆和人資部門應該好好監督脆弱的夥伴，並用規則約束大家，透過各種機制讓員工不能做壞事。

服從式的規則、機制，看在相信「性善說」的人眼裡，或許就是「性惡說式的疑心病」。但制定這些規則、機制的宗旨，並不是懷疑工作夥伴，而是為了守護軟弱的人，不讓軟弱的人有做壞事的空間。

乍看之下，這些好像會讓職場變得死板的嚴格規則，其實只要員工好好遵守，就可以防止脆弱的人誤入歧途。

讓員工撿拾辦公室的垃圾

我每天都會為各式各樣的公司，提供人資上的諮詢服務。我發現營運順利的公司，辦公室都很整齊、乾淨；相反的，營運狀況不佳的公司，辦公室就沒有好好整理，垃圾隨處可見。我認為這不單純是禮貌、倫理觀念的問題，而是和是否徹底落實各種規則息息相關。

辦公室髒亂，是因為在該職場工作的人，平常無心整理辦公室。有垃圾就撿起來、東西用完就放回原位、東西壞了就修理。只要這麼做，辦公室就會整齊、乾淨。員工之所以沒有這些動作，其中的一個原因是，「**是否有把辦公室當成是自己的房間**」。也就是說，關鍵在是否覺得辦公室是「自己的」。

人基本上是自私的，比起別人或公共的東西，都會比較愛惜自己的東西。一般人如果是在自己的房間，有垃圾一定會撿起來。人之所以不會把辦公室當成房間，是因為認為「辦公室是他人的」。

這種認知上的不同，把人分成兩類：一類是珍惜公共東西的人，另一類是不會珍惜公共東西的人。舉例來說，人在有了孩子後，就會擴大「自己」的領域，視所有的家人為自己的一部分，只要是和孩子有關的事物，都會當成是自己的事處理。

依戀公司、認為公司是自己一部分的人，就會重視和公司有關的大小事。反過來說，看一個人重視某個事物的程度，就知道他有沒有覺得該事物是自己的一部分。換句話說，是否把辦公室當作「自己的」，整理得乾乾淨淨來使用，或把辦公室當作「別人的」，弄得亂七八糟，就是**組織承諾**（organizational commitment，個體認同並參與組織的強度）**的象徵**。

「組織承諾」也會影響職場友善程度。沒有把組織的事當成是自己的事，也就是組織承諾低的人，說得極端一點，就是只把組織當作暫時滿足自己利益的道具。

在職場上，發生不合理的事，他們不關心，也不在乎如何發展。因此，就算同事有困難，他們也不會伸出援手。提到團隊成員的生涯規畫，他們更是完全不知情。為了方便自己工作，這種人只會整理自己的辦公桌，其他地方一概不聞不問。辦公室的玄關骯髒，他們絲毫不會覺得難為情。

所以，在這種人的身上，幾乎看不到任何對組織有貢獻的行為。如果職場裡有很多這種人，就會是一個沒有團體意識、沒有一體感、不會互相幫忙的不友善職場。

如果讓組織承諾低的人當領導者，職場不友善的程度會更嚴重。由不依戀組織、只求自己飛黃騰達的人率領的團隊，會有魅力嗎？在這種領導者下工作的成員，會為組織盡心盡力嗎？

若讓這種人當領導者，職場一定會一片混亂。結果，員工的個人績效會下滑，連帶影響整體的業績。因此，縱使這個人再有才華，都不能提拔為組織的領導者。換句話說，就是不能讓不會撿拾辦公室的垃圾、不在乎辦室骯不骯髒的人當領導者。

更糟糕的是，這種組織承諾會在人與人之間互相影響。大家重視的事物，自己也會想重視；大家都不重視的事物，只有自己重視的人就會少之又少。建築物的窗戶壞了，如果無人理會，沒多久，其他窗戶也會莫名其妙被破壞。我所指的，就是類似這種「破窗效應」（Broken windows theory）。

組織承諾的程度，雖然無法用肉眼辨識，但如果**以辦公室的整潔程度推斷組織承諾程度**，或許辦公室髒亂就表示，在辦公室工作的人不覺得需要重視組織，整個辦公室的組織承諾都很低。

乍看之下，雖然和本業無關，事實上，有沒有用心打掃辦公室，卻會影響整體的生產力。所以公司最好還是讓員工好好整理工作環境。我認為清潔辦公室，不單從精神方面改變員工對職場的看法，更是提升組織承諾的有效方法。老闆、主管突然要求清潔辦公室，員工、部屬或許會露出詫異的神色。但請大家在職場上，一定要試著這麼做。

世上沒有完全理想的組織管理型態

好人老闆會拚命思考什麼是理想的管理型態，並設法把這種型態納入自己的組織，但這種思維是錯的。因為組織的每一個階段，都有最適合的管理型態，所以組織必須視各階段改變管理型態。

業績增加、市場占有率提升，就表示企業正在成長。企業成長，組織也會跟著成長。而組織成長最明顯的特徵，就是員工增加。員工人數是非常重要的參數，會影響組織各階段的發展。組織的管理，必須隨著員工人數的增加而改變。雖然基本上都是在「控制」和「自由」之間來回操作，但我還是想用個人的看法，說明經營大師顧林納（Greiner）倡導的「組織成長五階段」。

對組織（企業）而言，為什麼員工人數這麼重要？因為人有「認知界限」。所謂認知界限，就是人的認知能力、處理訊息能力有一定的限度。也就是美國經濟學家賽門（Herbert A. Simon）談組織論時，所說的「一個人可以維持穩定關係的人數有限」。

因為每個人都有這種「認知界限」，所以處理複雜的訊息時，必須先將訊息細分，再分別對應處理。如果套用在組織上，就是員工人數增加，老闆無法直接見員工時，就必須將組織細分，再分層設置管理者，並把權限轉移給管理者。假設，認知界限是四個人，也有一說認為人最多可以管理六至八人。但就算權限轉移，老闆也不能讓人隨心所欲，所以還是會產生某種型態的管理，做法則依員工人數調整。

第一個階段，也就是人數極少、尚在草創期的公司，基本上，老闆不論大小事都親自下指示。公司沒有什麼正式的制度，都是老闆直接且自由的進行即時的彈性管理。因為幾乎所有事都不是事先確定的，所以之後的狀況也完全無法預測。不過，任何事情只要老闆交待就可以進行，完全不需要麻煩的交涉。一件事可以迅速搞定，每天工作就像搭乘雲霄飛車一樣刺激。我稱這個階段是**「用後背管理」**的階段。

如果員工人數超過老闆的認知界限，等待老闆下指示的人排成一行，老闆就無法再繼續自由自在的管理。這時就會從第一個階段邁入第二階段，要開始**「管理員工的行動」**。這個階段的管理型態是，老闆會先把原本在自己腦中的判斷基準、應該採取的動作規格化並製作成工作手冊，然後再悉心教導員工，如果遇到某種狀況，就照著手冊這麼做。

這段時期職場會變得有點拘束。簡單來說，第二階段就是沒有行動自由、無須思考只要做的階段。對凡事都喜歡自己動腦思考的人而言，這樣的職場並不討喜，但因為指示明確，認為舒適的人還是大有人在。不過，如果這個階段的時間持續過長，整個組織就會因為不思考，而逐漸失去活力。

因此，組織的管理必須再進化，邁入自由化的階段。**第三階段就是「用結果管理」的階段**。也就是給員工目標，並要求他們做出結果。員工為了達成目標，可以自由思考。只要員工做出結果，老闆就給予獎勵。這就是第三階段的管理型態。

這個階段最常用到的兩個詞，就是「自由和負責」。如果職場重視競爭勝於協調，公司內部的競爭就會非常激烈，甚至出現劍拔弩張的緊張氣氛。換句話說，組織給的獎勵，有時會讓員工只想到自己，而沒有採取對企業整體而言最適當的行動。

如果這種自利的工作方式，其缺點影響力過大，就要開始走控制和協調的路線。這就是第四階段**「用計畫管理」**的階段。基本上，就是可以自己思考，但行動前要先提出計畫，並獲得組織的同意。這就是第四階段的管理型態。

進行專案時，可以事前修正偏頗於某一方面的計畫，將人流、物流、金流，做出對整體而言最適當的分配。但這種計畫經濟（Planned economy，國家在生產、資源分配以及消費等各方面，由政府事先計畫）型的管理也有缺點：因為計畫是獨自成型，如果狀況有變化，也無法彈性應對。因此，組織會出現一些不合理、沒有意義的行為。例如，為了消化年初的預算，把馬路挖了再填。

若這種弊病過於嚴重，就必須邁入第五階段（最後的階段）**「用文化管理」**的階段。這是將控制和自由合併的管理型態。也就是說，不是嚴格控管已經明示的作業程序或結果，而是以文化（價值觀、思考模式、思想、理念）「寬鬆管制」員工的意識。換句話說，就是打造一個整體雖被寬鬆控制，但個人還是可以自由發揮創造力的環境。這就是孔子所說的「從心所欲，不踰矩」。

乍看之下，以文化管理似乎是最理想的狀態。但**如果員工不夠成熟、不夠自律，沒有高度的知識、技巧、經驗，就很難實現**。不論這種管理型態有多理想，想要一躍到這個階段並不容易。勉強行動，組織即有可能中途崩解。

另外，進入這個階段的職場，氣氛很多時候會像《基業長青》這本書所說的，出現「教派般（崇拜式）的文化」，組織有如宗教般，進行價值觀的管控。因此，用這種型態管理的職場，對某些人而言是不舒適的。所以這樣的職場是否適合所有人，不能一概而論。

總之，不管任何的管理型態，對所有人而言都並非十全十美。雖然每一階段的型態，都是根據員工人數和工作型式決定，但對全體員工來說，並不一定都愉悅舒適。從適合前一個管理型態的人的立場來看，轉換到下一個管理型態或許就不適合，導致把老闆當成惡人。這時千萬別耿耿於懷，執行最重要。

後記
擴大「自己」的定義，當個好「惡人」

在本書中，我稱獲得優秀評價、符合社會期許的人為「好人、白臉」；言行舉止不討喜、不符合社會期許的人是「惡人、黑臉」。並提到前者會帶給組織不好的影響，而後者，反而有不少人為組織帶來好的影響。

最後，我還針對惡人為什麼不輕鬆當好人、就算背負汙名仍為了組織當惡人，做了一番說明。人之所以有好人、惡人之分，最大的原因是他們對動力（motivation，動機）的思維不一樣。

好人重視的是自己

好人最重視的就是影響自己的動力。對好人而言，這種動力就是活力的來源。尤其日本人，都有非常強烈的「同調壓力」（集團主義），許多人很在乎周圍的想法。所以這種動力也讓很多人靠著別人的認同、他人的承認而進步。簡單來說，就是**好人到最後之所以會行動，通常不是因為這麼做最好，而是因為這麼做有很多人會高興**，有很多人會感謝自己、誇讚自己並認同自己。但以這種動力為基礎做事，對最後的結果來說是否最適合，卻令人質疑。

不能只靠動力工作

追根究柢，委託工作的是公司的客戶，不是主管、同事。主管、組織怎麼看人和客戶沒有關係。客戶和公司簽約、付錢，然後把工作交給公司，當然會期待公司的員工依照合約工作。

而因為「有無動力」的問題，導致有的員工很努力、有的員工會搞破壞，有的員工甚至還會偷懶。從客戶的立場來看，就算沒有動力，他們也希望委託公司的員工，能用最合宜的方法進行自己託付的工作。

所謂專業人士，就是任何時候都可以做出成果的人。只要是人，動力當然會有高低起伏。能不被動力左右，穩定完成自己的工作才稱得上專業。畢竟動力只是讓人比較容易做出成果的推動力。動力低，確實會比較不想動。但能使命必達的員工才算得上專業。千萬不能因為自己想當好人、想提高動力，就遺忘客戶。而且，絕對不能只一味追求周圍的認同。

專業人士靠使命感工作

我希望大家像專業人士，不靠動力支撐，而靠使命感、信念（近似內在動機。如果是廣義的解釋，意思包含在動力內）工作。至少，影響大多數人的老闆、人資工作者等，身上背負著責任的人都應該如此。我不希望聽到有人說，我因為某人而沒有動力，所以做不到。

另外，我也不希望聽到有人說，為了提升動力而採取最適合的行動，結果對客戶而言，卻不是最好的做法。有的工作難以讓人產生動力。例如，處理裁員、職務調動之類的工作，會讓人失去幹勁。除此之外，還有許多不起眼、沒有成就感、沒有掌聲的工作。就算如此，還是要做好才稱得上是專業。

專業人士看起來像惡人

我認為本書一直提到的惡人，事實上就很像這類的專業人士。他們不以獲得自己周圍的讚賞為動力，只是盯著自己必須完成的目標，以最短的距離朝著這個目標前進。為了回報客戶對自己的信任，自己承諾要交出最漂亮的成績單。這和有沒有幹勁、有沒有動力沒有任何關係。他們只是做他們必須做的事。委託工作的客戶想看到的就是這個行為。

但這樣的專業人士很多時候看起來像惡人。因為，專業人士不會說應酬話。必要時，他們甚至會直接說一些刺耳、令人聽起來不舒服的話。因為，他們不會為了奉承全體人員，而採取大家最希望的解決方案。就算要犧牲某個人，他們還是堅持採取為全體帶來最高利益的方案。

這種行事作風當然會樹敵。面對他們，敵人會譴責並說他們是「惡人」。就如同沉默的多數（Silent Majority）和吵鬧的少數（Noisy Minority）這兩個名詞，責備的聲音往往大過讚美的聲音。結果，應該是在做好事的專業人士，就被認定是惡人。

擴大「自己」的定義，就可以當惡人

最後我想說，縱使令人厭惡、遭人責備，還是要拿出勇氣、帶著驕傲，當會做該做的事的惡人。大家都想在小小的世界裡當受歡迎的人。擁有奉獻的精神、利於他人的精神，又甘於當惡人的人少之又少。那麼，什麼樣的人才能成為這種惡人？

事實上，為了全體堅持做對的事，不畏懼被誹謗為惡人的人，都有一個特徵。就是他們對「自己」的定義，比一般人寬廣。換句話說，惡人不認為只有自己才是自己，而是包含在更廣大的範圍中。

通常，所謂的「自己」，指的是生物的一個個體，但惡人並不認為自己只是一個狹義的個體。惡人認為只要和自己有關，例如，家人、公司、價值觀和自己相同的人、母校的同學、某種信念、所信仰的宗教等，都可以納入「自己」的概念。如此一來，就可以讓「自己」的概念，擴展得更寬、更廣。

如果認為自己是一個個體，一舉一動絕對是自私的。但如果為「自己」做出更廣大的定義，就不會只想到自己。如此一來，勇於做承諾的範圍，就會變寬、變廣。最後，就會採取對整體最有利，而且處處為他人著想的行動。

如果從這個角度思考，本書中的惡人，或許就是將自己奉獻給更寬廣、更宏大世界的人。各位讀者，如果你們在人生中能自我奉獻，並找到把自己當成是渺小一部分的目標，要當惡人就很簡單。祝大家都可以找到這個目標。

國家圖書館出版品預行編目（CIP）資料

好人主管一定要懂黑臉管理：一團和氣、開心工作的職場，結果往往是甩鍋、卸責、叫不動，主管先完蛋、部門鳥獸散。我們需要正確扮黑臉的領導方法。／曾和利光著；劉錦秀譯. -- 二版. -- 臺北市：大是文化有限公司，2024.08
192面；14.8x21公分. --（Biz；464）
譯自：人の作った　社はなぜ伸びるのか?：人事のプロによる逆　のマネジメント
ISBN 978-626-7448-66-3（平裝）

1. CST：企業領導　2. CST：組織管理

494.2　113006323

Biz 464

好人主管一定要懂黑臉管理

一團和氣、開心工作的職場，結果往往是甩鍋、卸責、叫不動，主管先完蛋、部門鳥獸散。我們需要正確扮黑臉的領導方法。

（原版書名／好人主管的惡人管理學）

作　　者／曾和利光
譯　　者／劉錦秀
責任編輯／陳竑悳
副總編輯／顏惠君
總 編 輯／吳依瑋
發 行 人／徐仲秋
會計部｜主辦會計／許鳳雪、助理／李秀娟
版權部｜經理／郝麗珍、主任／劉宗德
行銷業務部｜業務經理／留婉茹、行銷經理／徐千晴、專員／馬絮盈、
　　　　助理／連玉、林祐豐
行銷、業務與網路書店總監／林裕安
總 經 理／陳絜吾

出 版 者／大是文化有限公司
臺北市 100 衡陽路 7 號 8 樓
編輯部電話：（02）23757911
購書相關諮詢請洽：（02）23757911 分機 122
24 小時讀者服務傳真：（02）23756999
讀者服務 E-mail：dscsms28@gmail.com
郵政劃撥帳號：19983366　戶名：大是文化有限公司

法律顧問／永然聯合法律事務所
香港發行／豐達出版發行有限公司
Rich Publishing & Distribution Ltd
香港柴灣永泰道 70 號柴灣工業城第 2 期 1805 室
Unit 1805, Ph.2, Chai Wan Ind City, 70 Wing Tai Rd, Chai Wan, Hong Kong
Tel：21726513　Fax：21724355　E-mail：cary@subseasy.com.hk

封面設計／孫永芳　內頁排版／吳思融、孫永芳　印刷／鴻霖印刷傳媒股份有限公司
出版日期／2024年8月二版
定　　價／390元（缺頁或裝訂錯誤的書，請寄回更換）
ISBN／978-626-7448-66-3
電子書ISBN／9786267448687（PDF）
9786267448694（EPUB）

《AKUNIN NO TSUKUTTA KAISHA WA NAZE NOBIRU NOKA JINJI NO PURO NI YORU GYAKUSETSU NO MANEJIMENTO》